Berechnung und Ausführung

der

Hochspannungs-Fernleitungen.

Von

Carl Fred. Holmboe

Elektroingenieur.

———

Mit 61 in den Text gedruckten Figuren.

Springer-Verlag Berlin Heidelberg GmbH

1905

ISBN 978-3-642-89875-4   ISBN 978-3-642-91732-5 (eBook)
DOI 10.1007/978-3-642-91732-5

Softcover reprint of the hardcover 1st edition 1905

Vorwort.

<hr>

Das vorliegende kleine Werk ist in erster Linie für Studierende an höheren technischen Schulen und für Ingenieure bestimmt, die bereits in der Praxis stehen und sich über diesen Spezialzweig der Wechselstromtechnik unterrichten wollen.

Das Buch zerfällt in zwei Teile, den theoretischen und den praktischen; in dem ersten sind die für die Berechnung der Leitungen nötigen Formeln abgeleitet und erläutert, während der letzte Teil ausschließlich der Ausführung des Leitungsbaues und den hiermit in Verbindung stehenden Apparaten gewidmet ist.

Dem Umstand, daß der in der Praxis stehende Ingenieur meistens sehr wenig Zeit übrig hat, umfangreiche Werke zu studieren, und lieber eine kurze, einfachere Darstellung, als große physikalisch-mathematische Problemabhandlungen liest, hat der Verfasser nach Möglichkeit Rechnung getragen. Die meisten Formeln sind mittels niederer Mathematik abgeleitet, und diejenigen, welche eine umständlichere mathematische Behandlung verlangen, nur angeführt worden, ohne eine Ableitung vorauszuschicken. Aus eigener Erfahrung weiß der Verfasser, daß eine solche Behandlung des Stoffes von dem „Praktiker" vorgezogen wird, und was die Studenten betrifft, so können sie die Ableitung dieser oder jener Formel leicht in umfangreicheren Spezialbüchern finden, wenn sie sich dafür besonders interessieren.

In den ersten Abschnitten sind die für das Verständnis der Berechnungen nötigen physikalischen Größen und deren Wirkung im Wechselstromkreise kurz behandelt. Wer aber mit diesem Abschnitt der Elektrizitätslehre hinreichend vertraut ist, kann die erste Abteilung einfach überschlagen. —

In das Buch ist eine größere Anzahl von Berechnungsbeispielen aufgenommen worden, von denen der größte Teil den Projekten schon im Betriebe befindlicher Anlagen entstammt. Manches weniger wichtige, wie beispielsweise die „Hautwirkung" des Wechselstromes und die Berechnung der Mehrphasenleitungen bei ungleicher Belastung der Phasen, ist in diesem Buche nicht berücksichtigt worden.

Hinweise seitens der Fachgenossen auf eventuelle Mängel sowie Verbesserungsvorschläge werden dem Verfasser stets sehr willkommen sein.

Verschiedenen Firmen ist der Verfasser zu Dank verpflichtet für die Bereitwilligkeit, mit der sie ihm Unterlagen zur Verfügung gestellt haben.

Gothenburg, im Juli 1905.

Carl Fred. Holmboe.

Inhalt.

Übersicht der Bezeichnungen.

1. Griechische Buchstaben.

α = Winkel.

β = Temperaturkoeffizient.

γ = Spezifischer Widerstand, für Cu etwa $\dfrac{1}{57}$.

$\varDelta$ = Spannungsverlust in Leitungen.

η = Nutzeffekt in Prozenten.

μ = Permeabilität.

π = 3,14.

$\varSigma$ = Summenzeichen.

$\varPhi$ = Kraftlinienzahl.

φ = Verschiebungswinkel zwischen Strom- und Spannungsvektoren.

ψ = Verschiebungswinkel zwischen Spannungsvektoren.

ω = Winkelgeschwindigkeit.

Außerdem bedeutet $\sim$ die Perioden- (Cycle-) Zahl per Sekunde $= \dfrac{p \cdot n}{60}$.

2. Lateinische Buchstaben.

a = Abstand zweier Leitungsdrähte.

C = Kapazität (Mikrofarad).

c = Konstante.

d = Leitungsdurchmesser.

$\left.\begin{array}{l} E \\ e \end{array}\right\}$ = Spannung in Volt.

F = Zulässige mechanische Belastung in kg.

G = Gewicht in kg.

g = 9,81 m/sek.

H = Abstand zwischen Erde und Leitung beim maximalen Durchhang in m.

h = Pfeilhöhe oder Durchhang einer gespannten Leitung.

$\left.\begin{array}{l} J \\ i \end{array}\right\}$ = Stromstärke in Ampere.

L = Induktionskoeffizient (Henry).

l = Leitungslänge.

M = Windungszahl eines Magneten.

n = Umdrehungszahl einer Maschine per Minute.

P = Leistung (Watt, KW).

p = Polpaarzahl.

Q = Elektrizitätsmenge (Coulomb).

$\left.\begin{array}{l} R \\ r \end{array}\right\}$ = Widerstand in Ohm.

s = Querschnitt einer Leitung in mm².

T = Sekundenzahl per Periode.

t = Zeit in Sekunden.

Diese Bezeichnungen gelten nur, wenn nichts anderes im Text bemerkt ist. Sämtliche Maße sind, wenn nichts anderes angegeben ist, in Zentimeter ausgedrückt.

I. Einleitung.

1. Allgemeine Bemerkungen.

Einer der bedeutendsten Vorteile des Wechselstromes im Vergleich mit dem Gleichstrom liegt bekanntlich darin, daß er sich transformieren läßt; d. h. es kann die Energie in einfachen, statischen Transformatoren von niedriger Spannung in sehr hohe oder umgekehrt umgewandelt werden.

Dieser Vorteil spielt bei elektrischen Kraftübertragungs- und Verteilungsanlagen eine wichtige Rolle. Je höher die Betriebsspannung ist, desto kleiner ist die zur Übertragung einer bestimmten Energiemenge erforderliche Stromstärke. Mit der Höhe der Betriebsspannung nimmt weiter die Größe des zulässigen prozentualen Spannungsverlustes zu, und geht aus dem Gesagten a priori hervor, daß die Leitungsquerschnitte bei der Übertragung einer bestimmten Energiemenge auf eine gegebene Entfernung im umgekehrten quadratischen Verhältnis zu den Spannungen stehen.

Eine ganz exakte quadratische Proportion besteht zwar nicht, wenn man die Einflüsse der Selbstinduktion und gegenseitigen Induktion der Leitungsdrähte berücksichtigt; doch wollen wir diese Einflüsse vorläufig außer acht lassen und annehmen, daß eine quadratische Proportion bestände. Man kann somit bei Verdopplung der Spannung die vierfache Energiemenge auf gleiche Entfernung oder die gleiche Energiemenge über eine viermal so weite Entfernung fortleiten.

Bei Verwendung einer genügend hohen Spannung ist es möglich geworden, riesige Wasserkräfte, die früher auf Grund ihrer Abgelegenheit beinahe wertlos waren, in den Dienst der Industrie zu stellen, indem man die kinetische Energie des

Wassers mittels Turbinen und Generatoren in Wechselstromenergie umwandelt, diese mit Hilfe von Transformatoren auf eine zweckmäßige Spannung transformiert und die so erhaltene hochgespannte Energie auf Fernleitungen nach bequem gelegenen Städten oder Fabriken überträgt. Die hochgespannte Energie wird hier wieder mittels Transformatoren auf eine dem Zweck entsprechende niedrigere Spannung transformiert.

Es ist leicht einzusehen, daß eine richtige Dimensionierung einer solchen Fernleitung von großer Bedeutung ist, besonders wenn die zu übertragende Energiemenge und die Entfernung zwischen der primären und sekundären Anlage groß ist; denn in solchen Fällen können Abweichungen von einigen Prozenten unter dem vorausgesetzten Wirkungsgrad der Leitung bedeutende Verluste für das Werk verursachen. So ist dem Verfasser ein Fall bekannt, wo bei unrichtiger Annahme des gegenseitigen Abstandes der Fernleitungsdrähte, also durch eine unnötige Verschlechterung des Wirkungsgrades der Leitung, das Werk jährlich etwa 10000 Mk. verloren hat.

Eine eingehende Berechnung der Leitung zeigte, daß dieser Übelstand hätte beseitigt werden können, wenn man von vornherein den Abstand der Leitungsdrähte etwa 200 mm größer gewählt hätte. Da diese Änderung nur mit großem Kostenaufwand hätte durchgeführt werden können, so zog man es vor, eine parallele Hilfsleitung zu verlegen.

Man sieht hieraus, daß bei der Berechnung einer Fernleitung nicht nur die Größe der zu überragenden Energiemenge, die Art der Belastung, die Höhe der Spannung und der Leiterquerschnitt, sondern daß auch der Abstand der Leitungsdrähte voneinander in Betracht gezogen werden muß. Der Einfluß des Drahtabstandes rührt von der gegenseitigen Induktion der Leiter her. Außer dieser gegenseitigen Induktion hat man auch die Selbstinduktion der Leiter zu berücksichtigen. Die Gesamtwirkung dieser beiden Faktoren wollen wir, der Kürze halber, mit „Leitungsinduktion" bezeichnen, wenn eine Trennung derselben nicht notwendig ist.

2. Begriff des Vektors.

Die Anwendung der Vektordiagramme zur Lösung von Aufgaben aus der Wechselstromtechnik auf graphischem Wege hat die Berechnung ganz bedeutend erleichtert.

Hat man nämlich eine beliebige elektrische Größe, die wie eine Sinusfunktion der Zeit verläuft, so kann man diese Funktion durch die Projektion x y einer dem Maximalwert (E_{max}, Fig. 1) entsprechenden geraden Linie oder Vektors a b (Fig. 2) auf eine beliebige andere Gerade x x darstellen, wenn die Gerade x x um einen Punkt o rotiert und 360^0 in demselben Zeitraume zurücklegt wie die Sinuskurve, mit andern Worten: Die Dauer einer Umdrehung von x x soll gleich der Dauer einer vollen Periode sein.

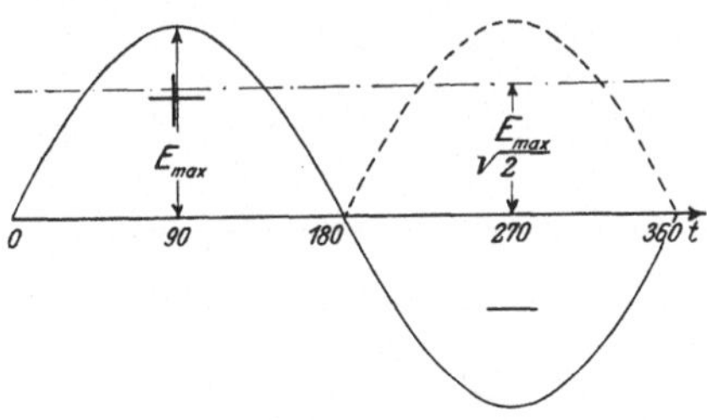

Fig. 1.

Sind zwei oder mehrere zusammengehörige Funktionen derselben Periodenzahl vorhanden, die aber zeitlich gegeneinander verschoben sind, so erfolgt die Addition bezw. Subtraktion derselben auf graphischem Wege, indem man die Vektoren unter Winkeln, die den Verschiebungen entsprechen, zusammensetzt.

Nun ist es nach unserer Fig. 2 offenbar gleichgültig, ob wir die Linie x x — die wir die Zeitlinie nennen wollen — oder den Vektor a b rotieren lassen. Wir wollen jedoch von einer bestimmten Rotationsrichtung ausgehen, und zwar soll sich die Zeitlinie linksherum (gegen den Uhrzeiger) und somit der Vektor rechts herum (mit dem Uhrzeiger) drehen.

Der Momentanwert eines Spannungsvektors wird durch die Gleichung

$$e = E_{max} \sin \omega t \qquad \ldots \ldots \ldots \ldots 1)$$

bestimmt. Entsprechend gilt für den Strom

$$i = J_{max} \cdot \sin \omega t \ldots \ldots \ldots \ldots 2)$$

Diese Momentanwerte haben jedoch für die Praxis wenig Interesse, da wir nur mit den Spannungen und Strömen rechnen wollen, die unsere Meßinstrumente anzeigen. Diese Werte stellen die Wurzeln aus dem quadratischen Mittelwert der Wechselstromkurve dar und sind durch die Bedingung gegeben,

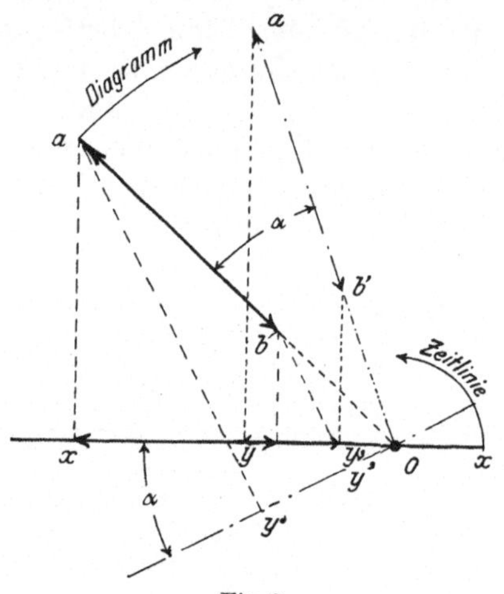

Fig. 2.

daß die Spannung als effektiv zu bezeichnen ist, die dieselbe dynamische und thermische Wirkung in einem induktionsfreien Widerstande hervorbringt wie ein Gleichstrom gleicher Spannung.

Die Effektivspannung ist demnach

$$E = \sqrt{\frac{\int e^2 \, dt}{t}}$$

Wenn man sinusähnlichen Verlauf der Spannungskurve voraussetzt, so ist

$$E = \frac{E_{max}}{\sqrt{2}}$$

und sinngemäß

$$J = \frac{J_{max}}{\sqrt{2}}$$

$$\ldots \ldots \ldots \ldots 3)$$

Die Effektivwerte stehen also zu den Maximal-
werten oder Amplituden im konstanten Verhältnis von
$1 : \sqrt{2}$.

Wir werden bei unseren Betrachtungen immer davon ausgehen, daß die Kurven, mit denen wir arbeiten, nach dem
Sinusgesetz verlaufen. Trotzdem dies in den weitaus meisten
praktischen Fällen nicht zutrifft, hat es sich doch erwiesen,
daß die Abweichungen so klein sind, daß sie ohne weiteres
vernachlässigt werden können.

3. Einfluß der Selbstinduktion auf die Vektorstellung.

Wird eine Stromschleife an eine Wechselspannung angeschlossen, so entsteht in derselben ein Strom

$$i = J_{max} \cdot \sin \omega t.$$

Dieser Strom ruft ein Feld von der Größe

$$\Phi = \Phi_{max} \cdot \sin \omega t \quad \ldots \ldots \ldots \ldots \quad 4)$$

hervor; die Ebenen der Kraftlinien dieses Feldes stehen senkrecht auf der Achse der Schleifenwindungen, und fallen somit
mit der Achse der durch die Schleifen gebildeten Spule zusammen.

Das Wechselfeld Φ erzeugt nun seinerseits in den Windungen der Schleife eine elektromotorische Kraft von der Größe

$$e_s = - \frac{d\Phi}{dt} \quad \ldots \ldots \ldots \ldots \quad 5)$$

und ist der Maximalwert dieser EMK.

$$e_{s\,max} = \omega \, \Phi_{max} \quad \ldots \ldots \ldots \ldots \quad 5a)$$

oder, wenn wir die Periodenzahl des Stromes mit $\sim$[1]) bezeichnen

$$e_{s\,max} = 2\pi \sim \Phi_{max} \quad \ldots \ldots \ldots \ldots \quad 6)$$

Diese Wechselspannung ist so lange positiv, als das Feld
vom positiven zum negativen Maximum abnimmt, und umgekehrt.

---

[1]) $\sim = \dfrac{p \cdot n}{60}$.

Um dieses Verhältnis in eine mathematische Form niederzulegen, bedienen wir uns der Gleichungen 4)—6) und erhalten, indem wir statt $\sim$ die Sekundenzahl per Periode $= T$ einführen:

$$e_s = -2\,\pi\cdot\frac{1}{T}\cdot\Phi_{max}\cdot\cos 2\,\pi\cdot\frac{t}{T}\,.$$

Wir beseitigen das negative Vorzeichen, indem wir den Cosinus durch einen Sinus ersetzen, und erhalten:

$$e_s = e_{s\,max}\cdot\sin 2\,\pi\left(\frac{t}{T} - 90^0\right).$$

Die Spannung e_s, welche somit dem induzierenden Felde beziehungsweise dem Strome um 90^0 nacheilt, wollen wir die elektromotorische Kraft der Selbstinduktion nennen.

Um nun die Gesamtspannung berechnen zu können, die nötig ist, um einen Strom von der Größe J in der Schleife vom Widerstand R Ohm zu erzeugen, müssen wir zunächst den Spannungsvektor E_r berechnen, welcher die ohmischen Verluste zu bestreiten hat. Nach dem Ohmschen Gesetz ist seine Größe

$$E_r = J\,.\,R \quad\ldots\ldots\ldots\ldots\ldots 7)$$

Dieser Vektor erreicht gleichzeitig mit dem Strome sein positives und negatives Maximum und ist demnach mit demselben in Phase.

In Fig. 3 sind die Vektoren der Größen J und E_r zusammengestellt. Um die Gegenspannung $-E_s$ der Selbstinduktion zu überwinden, muß man eine gleich große, entgegengesetzt gerichtete Spannung $+E_s$ ansetzen, und bildet die geometrische Summe der beiden Größen $+E_s$ und E_r die resultierende Spannung E.

Aus dem Diagramm Fig. 3 geht hervor, daß die Spannung E und der Strom J um einen Winkel φ gegeneinander verschoben sind derart, daß die Spannung dem Strome voreilt.

Die Leistung P ist in diesem Falle nicht gleich dem Produkt aus Strom und Spannung, sondern

$$P = E\,.\,J\,.\,\cos\varphi \quad\ldots\ldots\ldots\ldots 8)$$

Um die effektive Größe von E_s zu berechnen, setzen wir zunächst nach Gleichung 5a):

$$e_{s\,max} = \omega\,\Phi_{max}.$$

Da die Selbstinduktion L als dasjenige Feld definiert werden kann, welches durch den Strom 1 hervorgerufen wird, so können wir schreiben:

$$L = \frac{\Phi_{max}}{J_{max}}$$

oder

$$\Phi_{max} = L\,.\,J_{max}.$$

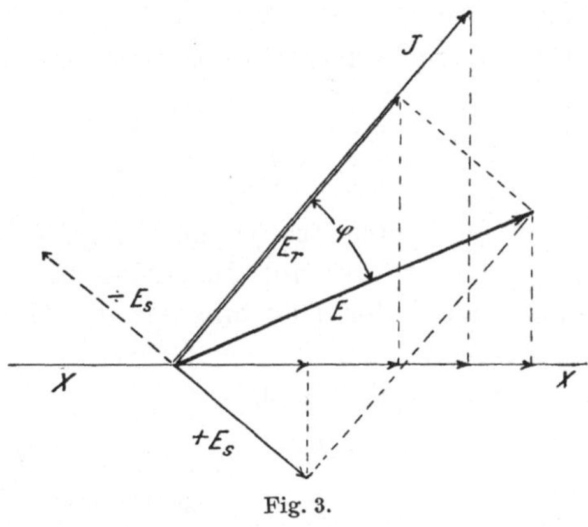

Fig. 3.

Durch Einsetzen folgt:

$$e_{s\,max} = \omega\,L\,.\,J_{max}.$$

Hieraus ergibt sich der Effektivwert

$$E_s = \frac{e_{s\,max}}{\sqrt{2}} = \omega\,L\cdot\frac{J_{max}}{\sqrt{2}}$$

$$E_s = \omega\,L\,.\,J\,.\;\;.\;.\;.\;.\;.\;.\;.\;.\;.\;.\;.\;.\;.\;.\;.\;9)$$

Aus Fig. 3 geht hervor, daß:

$$E = \sqrt{E_r{}^2 + E_s{}^2}$$

$$= J\,\sqrt{R^2 + (\omega\,L)^2}.$$

Oder

$$J = \frac{E}{\sqrt{R^2 + (\omega\,L)^2}}.\;\;.\;.\;.\;.\;.\;.\;.\;.\;.\;10)$$

Diese Gleichung nennt man die Gleichung des erweiterten Ohmschen Gesetzes, und wird R allgemein als **Resistanz** und ω L als **Induktanz** bezeichnet.

Der Wurzelausdruck $\sqrt{R^2 + (\omega L)^2}$ stellt den Wechselstromwiderstand dar.

4. Der Induktionskoeffizient einer Wechselstrom führenden Leitung.

Befindet sich eine Wechselstrom führende Leitung in einem System paralleler Leitungen, und ist die algebraische Summe der Momentanwerte der Ströme in den Leitern gleich Null, so können wir nach **Blondel** die Selbstinduktion eines Leiters gleich

$$L' = \frac{\mu_1}{2} - 2\,\mu_m \log \mathrm{nat}\ \frac{d}{2}$$

setzen. In dieser Gleichung ist μ_1 und μ_m die dielektrische **Permeabilität** des Leiters und des denselben umgebenden Mediums in c.g.s. und d der Durchmesser der Leitung in cm.

Ist a der Mittenabstand zweier Leiter in cm, so ergibt sich die gegenseitige Induktion zu

$$L'' = -\,2\,\mu_m \cdot \log \mathrm{nat}\ a.$$

Hat das System n Leitungen, so ist die Gesamtinduktion L eines Leiters, der den Strom J führt:

$$J \cdot L = L' J - \sum_0^n L'' J.$$

In der Praxis ist im allgemeinen die maximale Leiterzahl eines Systems $= 3$; hieraus ergibt sich für symmetrisch angeordnete Leitungen:

$$L = L' - L''$$

$$= \frac{\mu_1}{2} - 2\,\mu_m \log \mathrm{nat}\ \frac{d}{2} + 2\,\mu_m \log \mathrm{nat}\ a.$$

Bestehen die Leitungsdrähte aus Kupfer, und ist die Leitung von Luft umgeben, so ist $\mu_m = \mu_1 = 1$, und

$$L = 0{,}5 + 2 \cdot \log \mathrm{nat}\ \frac{2\,a}{d}\ \text{c.g.s.}$$

In Henry ausgedrückt:

$$L = \left(0{,}5 + 2 \cdot \log\mathrm{nat}\, \frac{2\,a}{d}\right) \cdot 10^{-9}$$

Hieraus ergibt sich der Induktionskoeffizient **einer** in Luft aufgehängten Kupferleitung per Kilometer:

$$L = \left(0{,}5 + 2 \cdot \log\mathrm{nat}\, \frac{2\,a}{d}\right) \cdot 10^{-4} \ldots \ldots \ldots 11)$$

Auf die Selbstinduktion der Kabel soll hier nicht eingegangen werden, da dieselbe so klein ist, daß sie bei den vorkommenden, meistens ganz kurzen Kabelleitungen vernachlässigt werden kann.

5. Einfluß der Kapazität auf die Vektorstellung.

Zwei leitende Körper, die sich einander gegenüber befinden und durch ein Dielektrikum getrennt sind, bilden einen Kondensator.

Eine oder mehrere freihängende Leitungen sowie die Kabel stellen somit Kondensatoren dar, weil sie voneinander und von der Erde durch ein Dielektrikum getrennt sind.

Die Kapazität C eines Kondensators ist gleich dem Verhältnis zwischen der Ladung Q und der Spannungsdifferenz e:

$$C = \frac{Q}{e}.$$

Wird ein Kondensator an eine Wechselspannung angeschlossen, so wird er so lange geladen, als die Spannungswelle von Null bis zu dem positiven oder negativen Maximum zunimmt. Nimmt die Spannung wieder ab, so entladet sich der Kondensator.

Der Ladungsstrom des Kondensators ist infolgedessen gleich Null in dem Moment, wo die Spannung ihren Höchstwert erreicht; es besteht also zwischen Ladungsstrom und Spannung eine Verschiebung von 90^{0}, und zwar eilt der Strom der Spannung um eine viertel Periode voraus.

Die Größe des Ladungsstromes J_k ist der aufgedrückten Spannung, der Kapazität des Kondensators und der Periodenzahl proportional, und können wir setzen:

$$J_k = E \cdot C \cdot 2\,\pi \cdot \sim \cdot 10^{-6} \text{ Ampere}^1). \quad \ldots \ldots 12)$$

Ist ein ohmischer Widerstand R mit der Kapazität in Reihe geschaltet, so erhalten wir das Diagramm Fig. 4. Aus diesem ergibt sich:

$$E = \sqrt{E_r{}^2 + E_k{}^2}$$

und durch Einsetzen der Werte aus Gleichung 7) und 12)

$$J = \frac{E}{\sqrt{R^2 + \left(\dfrac{1}{C \cdot \omega}\right)^2}} \ldots \ldots \ldots 13)$$

Der Kondensator im Wechselstromkreise bewirkt, wie aus der Figur ersichtlich, ebenfalls eine Verschiebung zwischen Strom und Spannung, und zwar in der Weise, daß die Spannung dem Strome nacheilt.

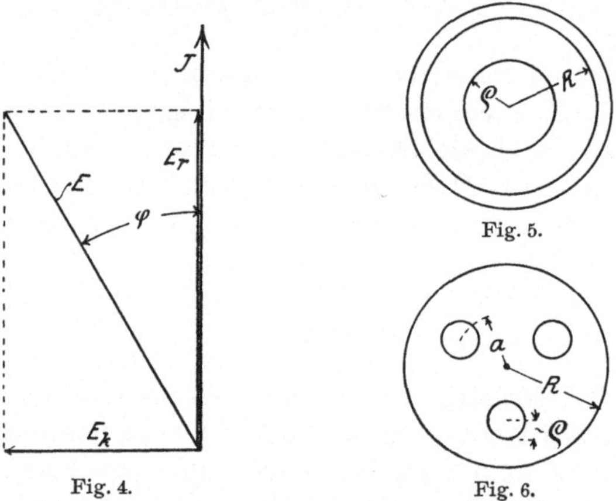

Fig. 4.   Fig. 5.   Fig. 6.

Vergegenwärtigen wir uns die Figuren 3 und 4, so erkennt man sofort, daß die Kapazität und die Induktion einander entgegen wirken. Da die Wirkung der Kapazität, besonders bei den Kabeln, aber auch bei sehr langen Fernleitungen, eine

---

^{1}) C in Mikrofarad.

nicht zu vernachlässigende Größe darstellt, sollen hier einige Formeln für ihre Berechnung angegeben werden:

Kapazität eines konzentrischen Kabels. Fig. 5.

$$C = \frac{k}{4{,}6 \cdot \log \dfrac{R}{\varrho}} \cdot \frac{1}{9} \text{ Mikrofarad per km.} \quad \ldots \ldots 14)$$

Kapazität eines Drehstromkabels nach Fig. 6.

$$C = \frac{k}{\log \mathrm{nat} \left[\dfrac{3\,a^2}{\varrho^2} \cdot \dfrac{(R^2 - a^2)^3}{R^6 - a^6} \right]} \cdot \frac{1}{9} \text{ Mikrofarad per km.} \quad .. 15)$$

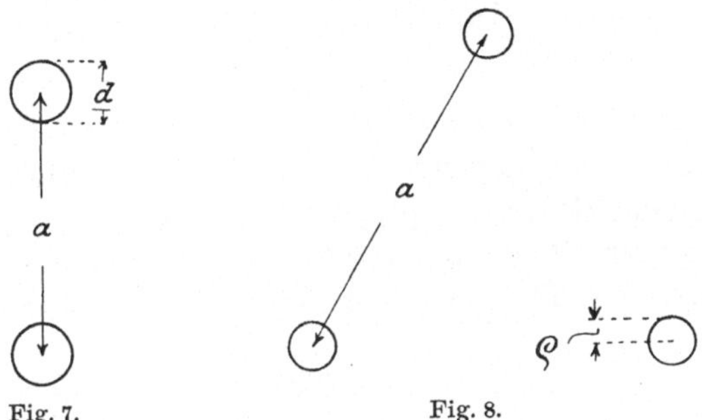

Kapazität zweier parallel verlaufender Luftleitungen oder eines verseilten Einphasenkabels. Fig. 7.

$$C = \frac{k \cdot 0{,}108}{\log \dfrac{2\,a}{d}} \cdot \frac{1}{9} \text{ Mikrofarad per km.} \quad \ldots 16)$$

Kapazität einer Drehstromluftleitung. Fig. 8.

$$C = \frac{k}{2 \cdot \log \mathrm{nat} \dfrac{a}{\varrho}} \cdot \frac{1}{9} \text{ Mikrofarad per km.} \quad .. 17)$$

Die Maße sind in cm einzuführen.

k ist die Dielektrizitätskonstante und ist für Luft $= 1$. Bei den verschiedenen Isoliermaterialien variiert k ganz erheblich und muß von Fall zu Fall ermittelt werden. In den meisten Fällen können die Kabelwerke für ein bestimmtes, von ihnen fabriziertes Kabel den Wert von k angeben.

6. Stromkomponenten.

Aus unserer Gleichung 8) geht hervor, daß die Wechselstromenergie nicht gleich dem Produkte aus Strom und Spannung,
sondern gleich dem Produkte Spannung $\times$ Stromstärke $\times$ dem
Cosinus des Verschiebungswinkels zwischen den beiden ist. Die
Komponente $J \cdot \cos \varphi = i_w$ in Fig. 9 können wir deshalb als die
energieleistende Komponente des Stromes ansehen, und wird dieselbe allgemein als Wattkomponente bezeichnet. Die andere
Komponente $J \cdot \sin \varphi = i_0$, welche senkrecht auf der Spannung
steht, wird die wattlose Komponente des Stromes genannt.

In Fig. 3 ist

$$\operatorname{tg} \varphi = \frac{E_s}{E_r}$$

$$= \frac{2 \pi \sim L}{R}.$$

Aus dieser Gleichung geht hervor, daß φ bei gleichbleiben-
dem ohmischen Widerstand proportional der Periodenzahl und
der Induktion zunimmt. Bei der Übertragung einer bestimmten
Energiemenge $P = E \cdot i_w$ hat man darauf Rücksicht zu nehmen,

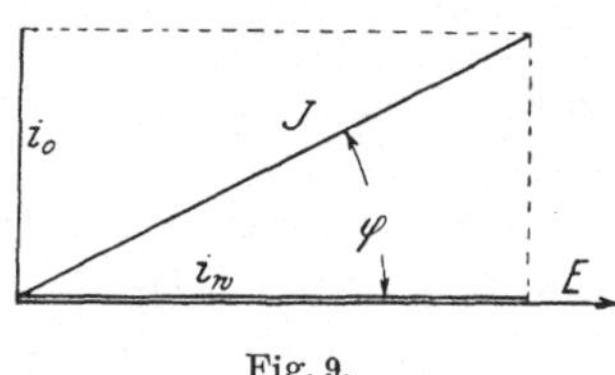

Fig. 9.

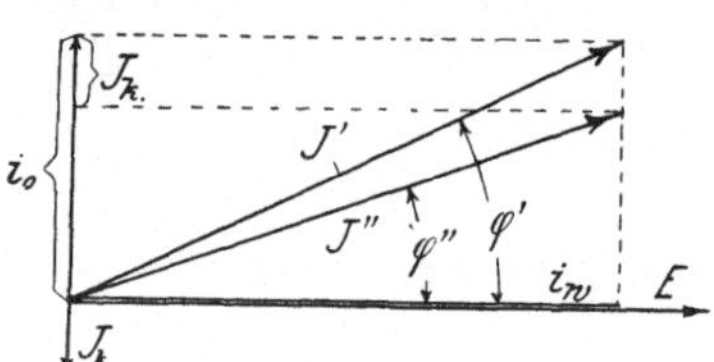

Fig. 10.

daß φ so klein wie möglich gehalten wird, da eine Vergrößerung
des Verschiebungswinkels nur eine Vergrößerung des resultierenden und wattlosen Stromes und hiermit eine Zunahme
der Energieverluste in Maschinen und Leitungen, nicht aber
eine Vergrößerung der effektiven Energiemenge verursacht.
Wollen wir nun auch noch die Einwirkung der Kapazität
berücksichtigen, so wissen wir, daß der Ladungsstrom J_k der
Spannung um 90^0 voreilt (Fig. 10). Durch die arithmetische
Subtraktion des Ladungsstromes J_k von dem wattlosen Strome i_0
erhält man den resultierenden Strom J'', welcher dieselbe
Leistung verrichtet wie J' bei sonst gleicher sekundärer Belastung.

II. Die Berechnung der Leitungen für Einphasenstrom.

1. Der Spannungsabfall.

Der bei der Energieübertragung mit Wechselstrom auftretende Spannungsabfall setzt sich, wenn wir die Kapazitätswirkung vernachlässigen, aus zwei Vektoren zusammen.

Den einen Vektor, welcher den ohmischen Spannungsverlust zu bestreiten hat und mit dem Strome in gleicher Phase ist, wollen wir mit Δ_r bezeichnen. Der andere, Δ_L, hat der induktiven Gegenspannung der Leitung das Gleichgewicht zu halten und steht senkrecht auf dem Stromvektor.

Ist der ohmische Widerstand eines Leitungsstranges gleich r, so ist der Gesamtspannungsverlust der Leitungsschleife:

$$\Delta_r = 2 \cdot J \cdot r$$

(vergl. Gleichung 7), wenn die Leitung vom Strome J durchflossen wird. Ferner ist:

$$r = \gamma \cdot \frac{l}{s}$$

wenn γ der spezifische Leitungswiderstand, l die einfache Länge der Leitung in m und s deren Querschnitt in mm² ist.

Hieraus folgt bei $\gamma = 57$

$$\left. \begin{array}{l} \Delta_r = \dfrac{2 \cdot J \cdot l}{57 \cdot s} \\[3mm] \Delta_r = \dfrac{J \cdot l}{28 \cdot s.} \end{array} \right\} \quad \ldots \ldots \ldots \ldots \text{18)}$$

oder abgerundet

Der Spannungsvektor der Induktion ist

$$\Delta_L = 2 \cdot \omega \, L \cdot J^1) \ldots \ldots \ldots \ldots \text{19)}$$

worin L der Induktionskoeffizient ist, der nach Gleichung 11) bestimmt werden kann. Da Δ_r und Δ_L einen Winkel von

---

¹) Vergl. Gleichung 9.

90^0 miteinander bilden, so ist der resultierende Spannungs-verlust

$$\Delta = \sqrt{\Delta_r{}^2 + \Delta_L{}^2} \quad \ldots \ldots \ldots \ldots \quad 20)$$

Setzen wir nun unsere Resultate graphisch zusammen, so erhalten wir das Diagramm (Fig. 12), welches die Spannungs-verhältnisse des Leitungsschemas (Fig. 11) wiedergibt.

E_2 ist die gegebene Sekundär-spannung und J der um $\varphi_2{}^0$ nach-eilende Strom.

Die Sekundärenergie ist demnach:

$$P_2 = E_2\, J \,.\, \cos \varphi_2$$

Gesucht wird die primäre Spannung, Phasenverschiebung und Energie.

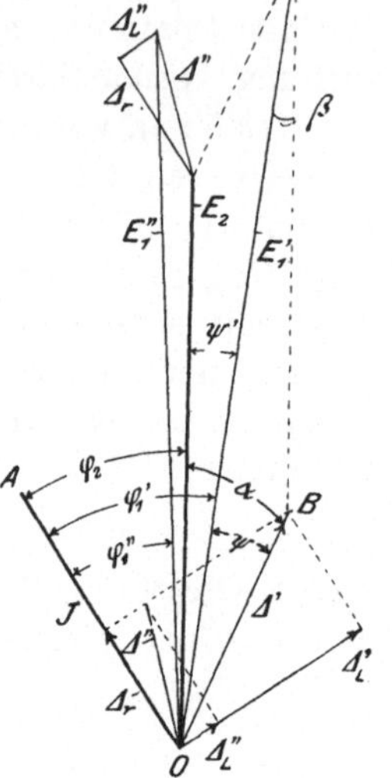

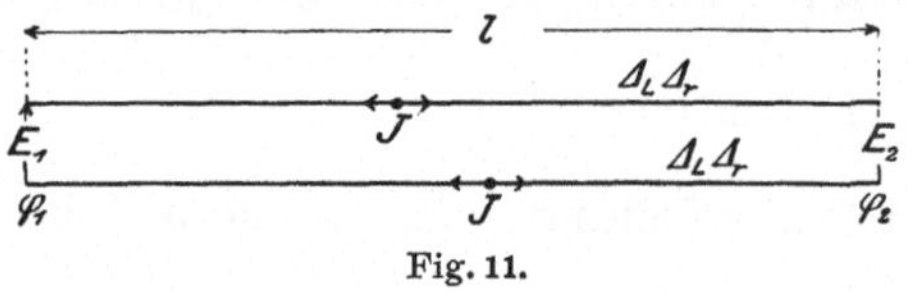

Fig. 11.

Wir berechnen zunächst Δ_r und $\Delta_L{}'$ und setzen diese beiden Vektoren zu-sammen zu Δ'. Addieren wir nun E_2 und Δ_i geometrisch, so erhalten wir die primäre Spannung E_1', welche dem Strome um φ_1' voreilt.

Fig. 12.

Die primäre Energie ist somit

$$P_1 = E_1\, J \,.\, \cos \varphi_1$$

und der Wirkungsgrad der Leitung

$$\eta = \frac{P_2}{P_1} \,.\, 100$$

$$\eta = \frac{E_2 \,.\, \cos \varphi_2}{E_1 \,.\, \cos \varphi_1} \,.\, 100 \quad \ldots \ldots \ldots \quad 21)$$

Nehmen wir an, daß das Verhältnis zwischen Δ_r und $\Delta_L{}'$ ein anderes gewesen wäre, z. B. Δ_r und $\Delta_L{}''$, so stellt Δ'' den resultierenden Verlustvektor dar. Addieren wir diesen zu E_2, so erhalten wir die primäre Spannung E_1'' und Verschiebung φ_1''. Wenn wir dieses Ergebnis mit dem vorhergehenden vergleichen, so sehen wir, daß im ersten Falle die Primärverschiebung größer, im letzten Falle dagegen kleiner ist, als die sekundäre.

Wie aus dem Diagramm hervorgeht, ist E_1'' kleiner als E_1', und man sollte hieraus schließen können, daß der Wirkungsgrad der Leitung durch die Reduktion von $\varDelta_L$ verbessert werden könnte. Eine Erhöhung des Wirkungsgrades tritt aber sehr selten und nur dann ein, wenn der Voreilungswinkel ψ', zwischen E_1 und E_2 klein ist und die Primärspannung der Sekundärspannung anfänglich nacheilt. Wenn man nämlich dann $\varDelta_L$ so berechnet, daß E_1 der Sekundärspannung E_2 voreilt, so wird, bei ungefähr gleichbleibender Primärspannung, $\cos \varphi_1$, verkleinert.

Aus Gleichung 21) geht hervor, daß bei gleichbleibenden Werten E_2, $\cos \varphi_2$ und E_1 eine Verminderung von φ_1 — also eine Vergrößerung von $\cos \varphi_1$ — einen schlechteren Wirkungsgrad der Leitung zur Folge haben wird, was später an der Hand eines Beispiels gezeigt werden soll. Ist die primäre Spannung E_1 die Verschiebung φ_1 sowie der Strom gegeben und $\varDelta$ nach bekannten Gleichungen berechnet, so kann man die sekundären Größen, wie folgt, bestimmen:

$$\mathrm{AOB} - \varphi_1 = \psi$$

oder, wenn $\mathrm{AOB} < \varphi_1$

$$\varphi_1 - \mathrm{AOB} = \psi$$

$$\cos \psi = \frac{E_1^2 + \varDelta^2 - E_2^2}{2\,E_1\,\varDelta}$$

$$E_2 = \sqrt{E_1^2 + \varDelta^2 - 2\,E_1\,\varDelta \cos \psi} \quad \ldots \ldots \; 21\,\mathrm{a})$$

$$\sin \beta = \frac{\varDelta . \sin \psi}{E_2}$$

Hieraus folgt, wenn $\mathrm{AOB} > \varphi_2$:

$$\varphi_2 = \mathrm{AOB} - \alpha = \mathrm{AOB} - (\psi + \beta) = \mathrm{AOB} - (\psi + \psi')$$

oder, wenn $\mathrm{AOB} < \varphi_2$:

$$\varphi_2 = \mathrm{AOB} + \alpha = \mathrm{AOB} + (\psi + \beta).$$

In ähnlicher Weise verfährt man, wenn die sekundäre Spannung und Verschiebung gegeben ist.

Wir wollen uns jedoch nicht weiter bei den analytischen Berechnungen aufhalten, da dieselben wegen ihrer Langwierigkeit in der Praxis wenig Anwendung gefunden haben.

2. Die Abstufung des Leiterquerschnittes bei mehreren Stationen längs der Fernleitung.

Sind zwei oder mehrere Unterstationen an eine Fernleitung angeschlossen, so hat man die Spannung an den Primärklemmen der Transformatoren in den verschiedenen Stationen zu ermitteln, damit man das richtige Übersetzungsverhältnis der primären und sekundären Spannungen erhalten kann.

In Fig. 13 ist A eine Primärstation, B, C und D sind drei Sekundärstationen.

Lassen wir vorläufig D aus unserer Betrachtung fort, und werden bei B J_2' und bei C J_2'' Ampere entnommen, so ist der Strom in l_1 angenähert gleich der arithmetischen Summe $J_2' + J_2''$ und in $l_2 = J_2''$.

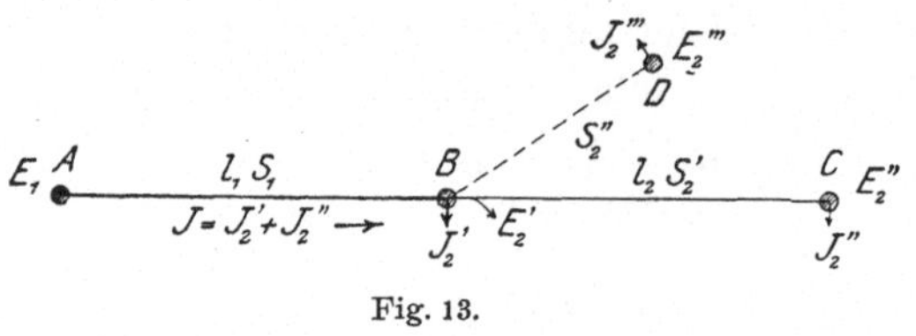

Fig. 13.

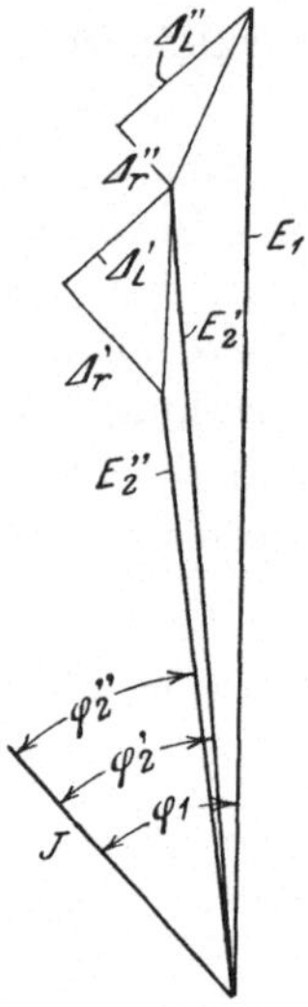

Soll in C die Spannung E_2'' herrschen, die gegen den Stromvektor um φ_2'' verschoben ist, so berechnet man die Spannung E_2' und Verschiebung φ_2' in gewohnter Weise (Fig. 14), indem die Spannungsverlustvektoren $\varDelta_r'$ und $\varDelta_L'$ auf der Strecke l_2 zu E_2'' geometrisch addiert werden.

Sind die Belastungsverhältnisse in B und C ungefähr von gleicher Natur, so können wir annehmen, daß φ_2'' mit dem Belastungswinkel φ_2' der Station B übereinstimmt, und daß $J = J_2' + J_2''$ ist. Sind $\varDelta_r''$ und $\varDelta_L''$ die Verlustvektoren der Leitung l_1, so ist E_1 die Primärspannung nach Größe und Phase.

Fig. 14.

Weichen dagegen die Belastungsverhältnisse der beiden Stationen B und C zu viel voneinander ab, d. h. ist z. B. B nur mit Motoren, C nur mit Glühlampen belastet, so kann man die Ströme nicht mehr einfach addieren. Man zerlegt dann die Ströme J_2'' und J_2' in ihre Watt- und wattlosen Komponenten und addiert dieselben ohne Rücksicht auf die Induktivität der Fernleitung. Auf diese Weise erhält man einen immerhin nur angenäherten Wert für den Gesamtstrom.

Da jedoch selbst diese Methode keine exakten Werte ergibt, begnügt man sich in den meisten Fällen mit einer arithmetischen Addition der Ströme, da bei kleineren Verteilungsanlagen Motoren und Lampen gemeinschaftlich an die Transformatoren angeschlossen sind, und somit große Abweichungen nicht vorkommen können. Bei größeren Anlagen haben Kraft und Licht getrennte Maschinen, Leitungen und Transformatoren, wodurch große Verschiebungsabweichungen ebenfalls ausgeschlossen sind.

Zweigt von einer Fernleitung eine oder mehrere Leitungen ab, so muß man nach Möglichkeit versuchen, die Spannungen an den Endpunkten dieser Leitungen gleich zu machen. Hiermit ist nebenbei der große Vorteil verbunden, daß man, gleiche Sekundärspannung vorausgesetzt, die Transformatoren der einen oder andern Unterstation untereinander nach Belieben vertauschen kann, ohne an die Primärspannung gebunden zu sein.

Zweigt beispielsweise in B (Fig. 13) die Leitung BD ab, so muß man versuchen, den Querschnitt s_2'' und den Drahtabstand so zu wählen, daß die Spannungen E_2'' und E_2''' einander gleich werden.

3. Approximative Vorausberechnung des Leitungsquerschnittes.

Hat man die Leitung einer Neuanlage zu berechnen, so muß man zunächst den Leitungsquerschnitt approximativ bestimmen, worauf die Berechnung der Spannungsverluste und des Wirkungsgrades erfolgen kann.

Ist die Energiemenge, welche in der Sekundärstation ausgenutzt werden soll:

$$P_2 = E_2 \cdot J \cdot \cos \varphi_2$$

so können wir setzen:

$$P_1 \cdot \eta = P_2$$

worin P_1 die Primärenergie und η den Wirkungsgrad der Leitung darstellt.

Nun ist:

$$P_1 - P_2 = 2\,J^2 \cdot r$$

und da

$$J = \frac{P_2}{E_2 \cos \varphi_2}$$

so folgt:

$$P_1 - P_2 = \frac{2 \cdot r\,P_2^2}{(E_2 \cdot \cos \varphi_2)^2}$$

oder:

$$\left(\frac{P_2}{\eta} - P_2\right) = \frac{2 \cdot P_2^2 \cdot 1}{57\,(E_2 \cos \varphi_2)^2\,s}\,.$$

Durch Auflösen dieser Gleichung für s erhalten wir:

$$s = \frac{2 \cdot P_2 \cdot 1}{57\,(E_2 \cdot \cos \varphi_2)^2 \left(\dfrac{1}{\eta} - 1\right)} \qquad \ldots \ldots 22)$$

Ist der Wirkungsgrad η vorgeschrieben, so setzt man diesen Wert ein und kontrolliert denselben, nachdem man die Spannungen und Verschiebungen berechnet hat, mit Hilfe der Gleichung 21). Stimmt der mit Gleichung 21) erhaltene Wert von η nicht mit dem vorgeschriebenen überein, so muß man die Berechnung wiederholen, indem man den Drahtquerschnitt oder Abstand ändert.

Ist η nicht vorgeschrieben, so muß man denselben nach den lokalen Verhältnissen bestimmen.

4. Beispiele.

a) Es sind die Kapazität und die Größe des Ladestromes eines 20 km langen konzentrischen Kabels zu berechnen. Das Kabel, welches an eine Wechselspannung von 10 000 Volt und 50 $\sim$ angeschlossen werden soll, hat folgende Daten:

$$R = 18 \text{ mm}, \quad \varrho = 10 \text{ mm} \quad \text{und} \quad k = 1{,}15.$$

Nach Gleichung 14) ist:

$$C = \left(\frac{1{,}15}{4{,}6 \, \log \frac{1{,}8}{1}} \cdot \frac{1}{9}\right) \cdot 20 = 2{,}18 \text{ MF.}$$

Nach Gl. 12) ist:

$$J_k = E \cdot C \cdot 2 \cdot \pi \cdot \infty \, 10^{-6}$$

$$= 10000 \cdot (2{,}18 \cdot 10^{-6}) \cdot 2 \cdot \pi \cdot 50 = 6{,}85 \text{ Amp.}$$

Bei ausgeschalteter Sekundärbelastung wird also das Amperemeter 6,85 Amp. Ladestrom anzeigen.

b) An das in a) berechnete Kabel sind einige Verbrauchsapparate mit zusammen 40 Amp. Stromverbrauch, bei einem $\cos \varphi_2 = 0{,}9$, angeschlossen. Wie groß ist die Verschiebung φ_1 und der Leistungsfaktor $\cos \varphi_1$ der Primärstation, wenn die Primärspannung der Sekundärspannung um 3° nacheilt?

Der wattlose Strom des Motors ist:

$$i_o'' = J_2 \sin \varphi_2 = 40 \cdot \sin 25° \, 50' = 17{,}4 \text{ Amp.}$$

und der wattlose Strom beim Generator:

$$i_o' = 17{,}40 - 6{,}85 = 10{,}55 \text{ Amp.}$$

Nun ist der Wattstrom:

$$i_w = 40 \cdot \cos \varphi_2 = 36 \text{ Amp.}$$

Hieraus ergibt sich der Generatorstrom zu:

$$J_1 = \sqrt{36^2 + 10{,}55^2} = 37{,}5 \text{ Amp.}$$

und $\cos \varphi_1'$ (ohne Berücksichtigung der Verschiebung der primären und sekundären Spannungsvektoren):

$$\cos \varphi_1' = \frac{36}{37{,}5} = 0{,}96$$

$$\varphi_1' = 16° \, 10'$$

$$\varphi_1 = \text{ca. } 16° \, 10' - 3°$$

$$\varphi_1 = 13° \, 10'$$

$$\cos \varphi_1 = 0{,}973.$$

Ganz exakt ist diese Berechnung jedoch nicht, denn wir müssen berücksichtigen, daß die Kapazitätsspannung bei belastetem Kabel nicht gleich der Primärspannung E_1 (10000 Volt) ist, sondern gleich:

$$E_1 - \Delta \text{ (geometrisch subtrahiert)}$$

worin $\varDelta$ der Spannungsverlust des Kabels von der Primärstation bis zur Mitte der Entfernung zwischen Primär- und Sekundärstation ist[1]).

c) Wie groß ist die Kapazität und der Ladungsstrom einer 50 km langen Einphasen-Fernleitung, wenn der Drahtabstand a = 650 und der Drahtdurchmesser 8 mm beträgt? Die Primärspannung ist 15 000 Volt und $\sim$ = 50. Nach Gleichung 16) ist:

$$C = \left[\frac{1 \cdot 0{,}108}{\log \dfrac{2 \cdot 65}{0{,}8}} \cdot \frac{1}{9}\right] 50 = 0{,}271$$

$$J = 15000 \cdot 0{,}271 \cdot (2\,\pi \cdot 50) \cdot 10^{-6} = 1{,}27 \text{ Amp.}$$

Vergleicht man dieses Beispiel mit a, so erkennt man, wie klein die Kapazität der Luftleitung gegenüber der des Kabels ist.

d) Von einer Wechselstromzentrale wird die Energie nach einer 30 km entfernten Transformatorenstation übertragen. Die Leitungen haben einen Querschnitt von 35 mm² und sind 600 mm voneinander entfernt. Die Spannung in der Primärstation beträgt 5000 Volt, der Stromverbrauch ist 5 Amp., $\cos \varphi_1 = 0{,}75$ und der Wert γ des Leitungskupfers beträgt in diesem Falle $\dfrac{1}{54}$. Die Spannung in der Transformatorenstation sowie der Wirkungsgrad der Leitung sind analytisch zu ermitteln.

Der ohmische Spannungsverlust ist nach Gl. 18):

$$\varDelta_r = 2 \cdot \gamma \cdot \frac{l}{s} \cdot J$$

$$= \frac{2 \cdot 30000 \cdot 5}{54 \cdot 35} = 158 \text{ Volt.}$$

Die Leitungsinduktion beträgt nach Gl. 11):

$$L = \left(0{,}5 + 2 \cdot \log \mathrm{nat} \frac{2 \cdot 60}{\dfrac{0{,}35 \cdot 4}{\pi}}\right) \cdot 10^{-4} \cdot 30 = 0{,}0325.$$

---

[1]) Siehe Näheres hierüber Abschnitt V.

Und der Induktionsspannungsverlust nach Gl. 19):

$$\varDelta_{L} = 2\,\omega\,L\,.\,J = 2\,.\,(2\,\pi\,.\,\sim)\,.\,0{,}0325\,.\,5 = 100 \text{ Volt.}$$

$$\varDelta = \sqrt{158^2 + 100^2} = 187 \text{ Volt.}$$

Der Sinus des Winkels AOB zwischen J und $\varDelta$ ist[1]):

$$\sin\,\text{AOB} = \frac{\varDelta_{L}}{\varDelta}\,.\,\frac{100}{187} = 0{,}535$$
$$\text{AOB} = 32^{0}\ 20'$$
$$\cos\,\varphi_1 = 0{,}75$$
$$\varphi_1 = 41^{0}\ 20'$$
$$\text{AOB} < \varphi_1$$
$$\psi = \varphi_1 - \text{AOB} = 9^{0}.$$

Die Sekundärspannung nach Gleichung 21a) ist:

$$E_2 = \sqrt{5000^2 + 187^2 - 2\,.\,5000\,.\,187\,.\,0{,}987} = 4800 \text{ Volt.}$$
$$\sin\,\beta = \frac{\varDelta\,.\,\sin\,\psi}{E_2} = \frac{187\,.\,0{,}156}{4800} = 0{,}0061$$
$$\beta = 20'$$
$$\varphi_2 = \text{AOB} + \psi + \beta$$
$$= 32^{0}\ 20' + 9^{0} + 20' = 41^{0}\ 40'.$$

Die sekundäre Verschiebung ist also in diesem Falle größer als die primäre.

$$\cos\,\varphi_2 = 0{,}747.$$

Der Wirkungsgrad ist somit nach Gleichung 21):

$$\eta = \frac{E_2\,.\,\cos\,\varphi_2}{E_1\,.\,\cos\,\varphi_1}\,.\,100 = \frac{4800\,.\,0{,}747}{5000\,.\,0{,}75}\,.\,100$$
$$\eta = 95{,}7\,\%.$$

e) Auf eine Strecke von 50 km sind 1000 elektrische PS. zu übertragen. Die Sekundärspannung soll 14 000 Volt betragen bei $\cos\,\varphi_2 = 0{,}88$. Der Querschnitt und Wirkungsgrad der Leitung ist graphisch zu ermitteln:

1. Bei einem Drahtabstand . . . . $a = 750$ mm
2. „   „   „   . . . . . . $a = 400$ „

Die zu übertragende Leistung beträgt:

$$P_2 = 1000\,.\,0{,}736 = 736 \text{ Kw.}$$

---

[1]) Vergl. Fig. 12.

Der Querschnitt ist approximativ nach Gleichung 22), wenn wir η zunächst zu 83 % annehmen:

$$s = \frac{2 \cdot 736 \cdot 1000 \cdot 50\,000}{57\,(14\,000\,\cos\varphi_2)^2 \cdot \left(\dfrac{1}{0{,}83} - 1\right)} = \text{ca. } 50 \text{ mm}^2.$$

Der Leitungsstrom:

$$J = \frac{736\,000}{14\,000 \cdot 0{,}88} = 59{,}5 \text{ Amp.}$$

und

$$\varDelta_r = \frac{59{,}5 \cdot 50\,000}{28 \cdot 50} = 2120 \text{ Volt.}$$

$$L = \left(0{,}5 + 2 \log \text{nat } \frac{2 \cdot 75}{\sqrt{\dfrac{4 \cdot 0{,}5}{\pi}}}\right) 10^{-4} \cdot 50 = 0{,}055.$$

$$\varDelta_\mathrm{L} = 2 \cdot 59{,}5 \cdot \omega \cdot 0{,}055 = 2060 \text{ Volt.}$$

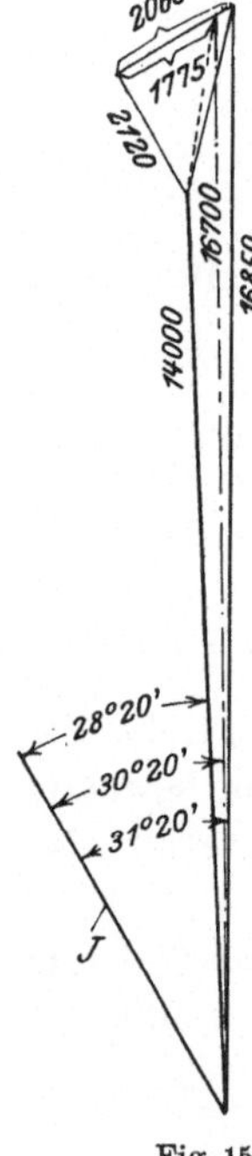

Fig. 15.

In Fig. 15 sind diese Größen graphisch zusammengestellt, und es ergibt sich eine Primärspannung von 16 850 Volt bei einer Primärverschiebung von 31° 20'.

Hieraus ergibt sich der Wirkungsgrad der Leitung zu:

$$\eta = \frac{14\,000 \cdot 0{,}88}{16\,850 \cdot 0{,}854} \cdot 100 = 85{,}75 \text{ %.}$$

Bei einem Drahtabstande von 400 mm ergibt sich:

$$L = \left(0{,}5 + 2 \cdot \log \text{nat } \frac{2 \cdot 40}{\sqrt{\dfrac{4 \cdot 0{,}5}{\pi}}}\right) \cdot 10^{-4} \cdot 50 = 0{,}0485$$

$$\varDelta_\mathrm{L} = 2\,\omega \cdot 0{,}0485 \cdot 59{,}5 = 1775 \text{ Volt.}$$

Tragen wir diese Größe von $\varDelta_\mathrm{L}$ in unser Diagramm ein, so erhalten wir eine Primärspannung von 16 700 Volt und eine Primärverschiebung φ_1 von 30° 20'.

Der Wirkungsgrad der Leitung ist also:

$$\eta = \frac{14\,000 \cdot 0{,}88}{16\,700 \cdot 0{,}863} \cdot 100 = 85{,}75 \text{ %.}$$

Man sieht, daß der Wirkungsgrad in diesem Falle derselbe geblieben ist, trotzdem die Spannung sich um 150 Volt (geometrisch) verringert hat.

f) Bei einer Anlage betrug E_2 14000 Volt, cos φ_2 0,88, E_1 16500 Volt und cos $\varphi_1 = 0{,}866$ bei einem Drahtabstande von 750 mm.

$$\eta = \frac{14000 \cdot 0{,}88}{16500 \cdot 0{,}866} \cdot 100 = 86{,}3\,\%.$$

Eine Verkleinerung des Drahtabstandes von 750 auf 500 mm ergab eine Primärspannung von 16460 Volt bei cos $\varphi_1 = 0{,}892$:

$$\eta = \frac{14000 \cdot 0{,}88}{16460 \cdot 0{,}892} = 84{,}2\,\%.$$

Im ersten Falle eilte die Primärspannung der Sekundärspannung um einen sehr kleinen Winkel voraus, im letzten Falle nach. Aus diesem Beispiel geht hervor, daß eine Änderung des Drahtabstandes von 750 auf 500 mm eine Verschlechterung des Wirkungsgrades um 2,1 % zur Folge hätte.

Nehmen wir an, daß die durchschnittliche Energiemenge, welche diese Leitung zu führen hatte und die in 1000 Stunden pro Jahr voll ausgenutzt würde, 500 K.W. sei, so muß die Primärstation im letzteren Falle erzeugen:

$$\frac{500 \cdot 1000}{0{,}842} = 595000 \text{ K.W.-Stunden}$$

Im ersten Falle nur . . $\dfrac{500 \cdot 1000}{0{,}863} = 579000$ „   „

$$\text{Differenz} \quad 16000 \text{ K.W.-Stunden}$$

Wird im Durchschnitt 30 Pfg. pro K.W.-Stunde bezahlt, so hat das Werk einen jährlichen Verlust von $16000 \cdot 0{,}3 = 4800$ Mk., welcher durch die Verschlechterung des Wirkungsgrades der Leitung verursacht wird.

III. Die Berechnung der Leitungen für Zweiphasenstrom.

1. Das unverkettete Zweiphasensystem.

Wird ein Wechselstromgenerator mit zwei Wicklungen versehen, die um 90 elektrische Grade gegeneinander versetzt, auf dem Stator montiert sind, so entstehen an den Klemmen dieser beiden Wicklungen zwei Spannungen, die gleichfalls 90^0 gegeneinander verschoben sind.

Diese beiden Spannungen e (Fig. 16) sind bei induktionsfreier Belastung des Generators mit zwei Strömen i in Phase, die wiederum eine Verschiebung von 90^0 besitzen.

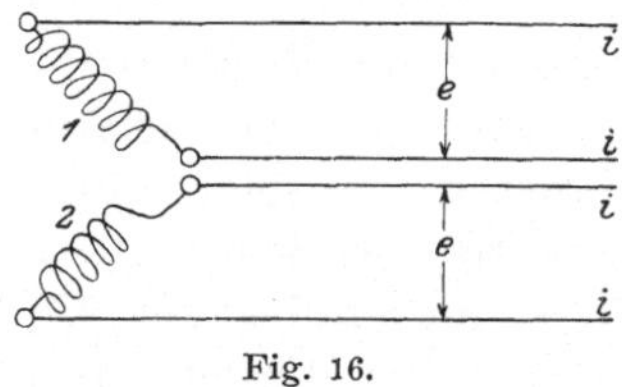

Fig. 16.

Wird die so erhaltene Zweiphasenenergie mittels $2 \times 2 = 4$ Leitungen übertragen, so behandelt man jede Phase zu zwei Leitungen als ein selbständiges Einphasensystem und vollzieht die Berechnung, wie im vorigen Kapitel angegeben.

2. Das verkettete Zweiphasensystem.

Anders gestaltet sich jedoch die Berechnung, wenn man zwei Leitungen zu einer gemeinschaftlichen „Rückleitung"

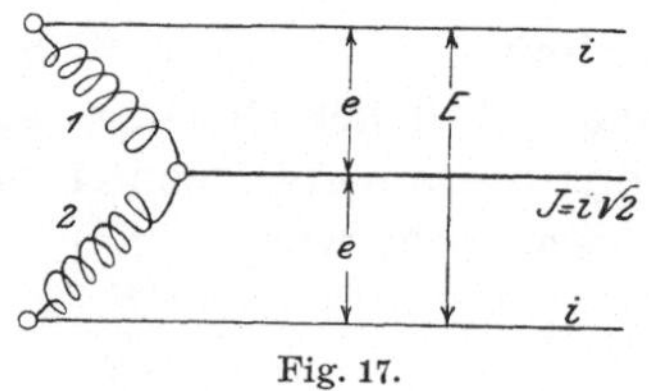

Fig. 17.

vereinigt (Fig. 17). In diesem Falle ist nämlich der Spannungsverlust in der Rückleitung für beide Phasen gemein, und man muß infolgedessen die Berechnung derart durchführen, daß beide Phasenspannungen und Ströme, in Verbindung mit dem verketteten Strom in der Rückleitung, zusammen in einem Diagramm behandelt werden.

Wie unter 1. erwähnt, beträgt die Verschiebung zwischen Phasenspannungen und Strömen 90°. Setzen wir zunächst e und i in einem Diagramm zusammen, unter Voraussetzung einer gleichen Verschiebung φ^0 zwischen Strom und Spannung in jeder Phase, so erhalten wir die Fig. 18.

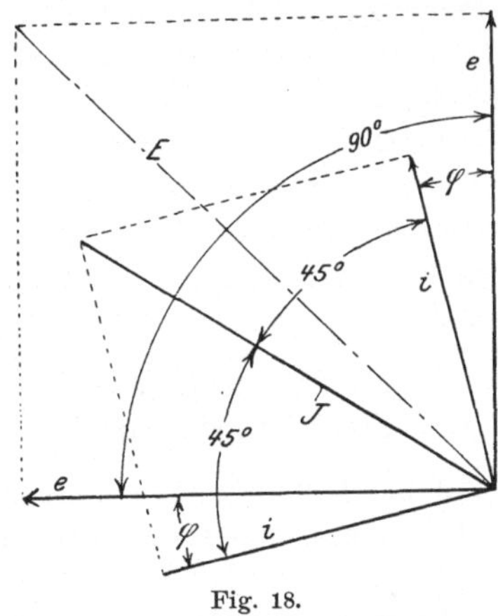

Fig. 18.

Um die Spannung E zwischen den „Außenleitern" zu erhalten, müssen wir die beiden Phasenspannungen e geometrisch addieren und erhalten:

$$E = e\sqrt{2}.$$

In gleicher Weise finden wir den Strom in der Rückleitung:

$$J = i\sqrt{2}.$$

Ist die Leistung der einen Phase bei induktionsfreier Belastung

$$P_1 = e_1 \cdot i_1$$

und die der anderen Phase

$$P_2 = e_2 \cdot i_2,$$

so ist die Gesamtenergie

$$P = P_1 + P_2 = e_1\, i_1 + e_2\, i_2.$$

Ist $e_1 = e_2 = e$ und $i_1 = i_2 = J$, so ist

$$P = 2 . e . J.$$

Ist jeder Phasenstrom wegen der Induktion φ^0 hinter der ihm zugehörigen Phasenspannung, so erhalten wir

$$P = 2 . e . J . \cos \varphi . \quad\quad\quad\quad\quad 23)$$

Das Zweiphasensystem ist in der Praxis wenig beliebt wegen der Unsymmetrie der primären und sekundären Verschiebungen, und kommt daher beim Entwurf moderner Anlagen kaum noch in Betracht. Wir wollen jedoch eine Fernleitung für Zweiphasenstrom durchrechnen und die zugehörigen Diagramme aufzeichnen, um auf diese Weise die Nachteile des Zweiphasensystems klar darlegen zu können.

3. Approximative Vorausberechnung des Querschnittes für Zweiphasenstrom.

Gehen wir zunächst vom unverketteten Zweiphasensystem aus, so können wir ohne weiteres die Gleichung 22) für jede Phase anwenden.

Ist P_2 die zu übertragende Energiemenge des Zweiphasensystems in Watt, $E_2 = e_2 =$ der sekundären Spannung pro Phase und φ_2 die sekundäre Verschiebung, so ist, bei gleichbleibenden Verlustziffern, der Leitungsquerschnitt eines der vier Drähte:

$$s_1 = \frac{1}{2} . s = \frac{1}{2} . \frac{2 . P_2 . 1}{57\,(e_2 . \cos \varphi_2)^2 . \left(\dfrac{1}{\eta} - 1\right)}$$

$$s_1 = \frac{P_2 . 1}{57 . (e_2 . \cos \varphi_2)^2 . \left(\dfrac{1}{\eta} - 1\right)} . \quad\quad\quad\quad 24)$$

Vereinigen wir nun zwei dieser vier Leitungen zu einer Rückleitung, so ist der Querschnitt s_R derselben:

$$s_R = \sqrt{2} . s_1$$

zu nehmen.

Für das verkettete Zweiphasensystem erhalten wir demnach:

Zwei Leitungen vom Querschnitt s_1 (Gleichung 24)
Eine Leitung   -   - $s_1 \cdot \sqrt{2}$.

Man soll die drei Leitungen am besten in Form eines gleichschenkligen Dreiecks nach nebenstehender Fig. 19 montieren.

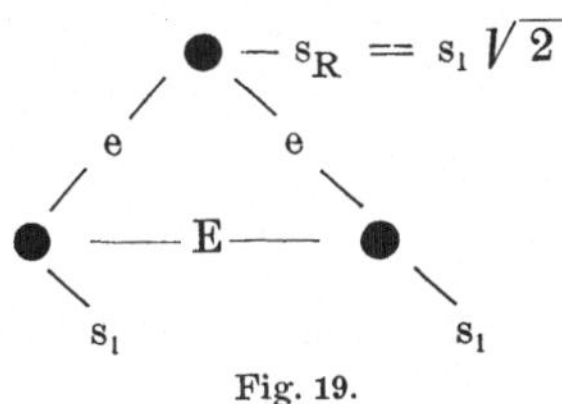

Fig. 19.

4. Die Berechnung einer Zweiphasen-Fernleitung.

Auf eine Strecke von 40 km soll elektrische Energie mittels Zweiphasenstrom nach einer Fabrik übertragen werden, welche durchschnittlich 800 PS. von je 736 Watt verbraucht. Die Spannung per Phase soll, an der Schalttafel der Fabrik gemessen, 5000 Volt betragen. Die Periodenzahl per Sekunde ist 50. Der größte Prozentsatz der Energie wird für Motoren verbraucht und ist deshalb, cos φ_2 zu 0,8 angenommen, entsprechend einem Verschiebungswinkel von etwa 36°. Der gegenseitige Abstand der in Form eines Dreiecks montierten Leitungen ist 750 mm. Der Querschnitt einer Phasenleitung ist zu 50 mm² angenommen worden.

Die primären Spannungen und Verschiebungen sowie der Wirkungsgrad sind graphisch zu ermitteln.

Nach Gleichung 23) ist

$$800 \cdot 736 = 2 \cdot 5000 \cdot J \cdot 0{,}8$$

oder

$$J = \frac{800 \cdot 736}{2 \cdot 5000 \cdot 0{,}8} = 74 \text{ Amp.}$$

Ist der Querschnitt eines Phasenleiters 50 mm², so machen wir den Querschnitt der Rückleitung $50 \cdot \sqrt{2} = 70$ mm².

Der Widerstand einer Phasenleitung ist dann

$$r_1 = \frac{1}{57} \cdot \frac{40000}{50} = 14\ \Omega$$

und der der Rückleitung

$$r_2 = \frac{1}{57} \cdot \frac{40000}{70} = 10\ \Omega.$$

Weiter ist die Induktion einer Phasenleitung:

$$L_1 = 40 \left(0{,}5 + 2 \cdot \log \mathrm{nat} \frac{2 \cdot 75}{\sqrt{\dfrac{4 \cdot 0{,}5}{\pi}}} \right) \cdot 10^{-4} = 0{,}0438$$

und die Induktion der Rückleitung

$$L_2 = 40 \left(0{,}5 + 2 \cdot \log \mathrm{nat} \frac{2 \cdot 75}{\sqrt{\dfrac{4 \cdot 0{,}7}{\pi}}} \right) \cdot 10^{-4} = 0{,}0425.$$

Wir wollen nun die Spannungsverluste jeder einzelnen Leitung für sich berechnen und erhalten als ohmischen Spannungsverlust einer Phasenleitung

$$\varDelta_r = J \cdot r_1 = 74 \cdot 14 = 1036\ \text{Volt}$$

und für die Rückleitung

$$\varDelta_r' = (74 \cdot \sqrt{2}) \cdot 10 = 1045\ \text{Volt}.$$

Der induktive Spannungsabfall einer Phasenleitung ist:

$$\varDelta_L = \omega L \cdot J = (2\pi \cdot 50)\, 0{,}0438 \cdot 74 = 1020\ \text{Volt}$$

und der der Rückleitung:

$$\varDelta_L' = \omega L \cdot J \cdot \sqrt{2} = (2\pi \cdot 50) \cdot 0{,}0425 \cdot 74 \cdot \sqrt{2} = 1400\ \text{Volt}.$$

Nachdem wir diese Verlustvektoren gefunden haben, werden wir dieselben in einem Diagramm zusammenstellen, um die primären Größen zu finden.

In Fig. 20 sind e_1 und e_2 die beiden um 90^0 verschobenen sekundären Phasenspannungen; um $\varphi_2{}^0$ hinter denselben nacheilend haben wir die beiden gegeneinander ebenfalls um 90^0 verschobenen Phasenströme $J_1 = 74$ Amp. und $J_2 = 74$ Amp., deren Resultante $J_R = 74 \cdot \sqrt{2}$ Amp. ist.

In Phase mit J_1 und J_2 befinden sich die ohmischen Spannungsverluste der Phasenleitungen $\Delta_r = AB = FG = 1036$ Volt. Senkrecht zu AB und FG stehen die Induktionsvektoren $\Delta_L = BC = GH = 1020$ Volt. Mit J_R in Phase befinden sich die ohmischen Verluste der Rückleitung $\Delta_r' = CD = HK = 1045$ Volt, und senkrecht zu denselben $\Delta_L' = DE = KL = 1400$ Volt. Die beiden Schlußlinien $AE = \Delta_1 = 2860$ Volt und $FL = \Delta_2 = 3030$ Volt stellen somit die resultierenden Spannungsverluste per Phase nach Größe und Richtung dar. Trotzdem wir eine auf die Phasen gleichmäßig verteilte sekundäre Belastung vorausgesetzt haben, erhalten wir, wie aus der Fig. 20 ersichtlich, ungleich große Verlustvektoren.

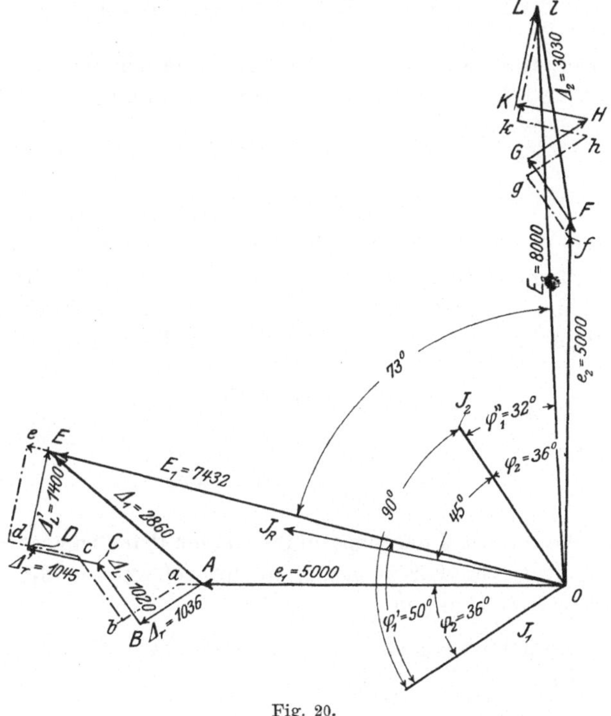

Fig. 20.

Addieren wir Δ_1 und Δ_2 zu e_1 und e_2, so erhalten wir die primären Phasenspannungen $E_1 = 7432$ und $E_2 = 8000$ Volt, welche um 73° gegeneinander verschoben sind.

Weiter geht aus dem Diagramm hervor, daß die Winkel zwischen den primären Phasenspannungen und Strömen nicht gleich sind; es ist vielmehr

$$\varphi_1' = 50^0,$$
$$\varphi_1'' = 32^0.$$

Da nun die Primärmaschine gleich große Phasenspannungen unter 90^0 liefert, können wir das erhaltene Diagramm nicht verwenden.

Wir wollen deshalb vorläufig annehmen, daß das arithmetische Mittel aus den beiden primären Phasenspannungen E_1 und E_2 als Primärspannung gegeben ist, und erhalten:

$$E_1 = E_2 = \frac{7432 + 8000}{2} = 7716 \text{ Volt.}$$

Durch Rückwärtskonstruktion erhalten wir die Vektorlinien e d c b a und l k h g f und die Sekundärspannungen

$$a\,O = e_1' = 5350 \text{ Volt}$$

und

$$f\,O = e_2' = 4712 \text{ Volt.}$$

Diese ungleichen Phasenspannungen bewirken ihrerseits eine Größenänderung der Phasenströme, und da wir annehmen können, daß die Stromstärken proportional mit den Spannungsänderungen zu- oder abnehmen, so sind die Phasenströme

$$J_1' = \frac{5350}{5000} \cdot 74 = 79,2 \text{ Amp.}$$

und

$$J_2' = \frac{4712}{5000} \cdot 74 = 70 \text{ Amp.}$$

Da weiter die Phasenspannungen der Primärmaschine eine Verschiebung von 90^0 besitzen, so vergrößern wir die Winkel um 17^0 und bekommen:

Primäre Verschiebung zwischen den Spannungen $73 + 17 = 90^0$
Sekundäre   -   -   -   - $90 + 17 = 107^0.$

Die Größe des Stromes in der Rückleitung hat sich ebenfalls geändert, und ergibt sich dieselbe aus der geometrischen Summe der beiden Ströme J_1' und J_2', addiert unter einem Winkel von 107^0.

In Fig. 21 ist diese Addition durchgeführt, und erhalten wir einen resultierenden Strom von $J_R' = 89$ Amp., eine Verschiebung von 49^0 zwischen J_R' und J_1' und 58^0 zwischen J_R' und J_2'.

Auf Grund dieser Resultate erhalten wir folgende korrigierte Größen der Spannungsverluste:

Für die Phasen-
leitungen
$$\begin{cases} \varDelta_r' = 79{,}2 \cdot 14 = 1108 & \text{Volt} \\ \varDelta_r'' = 70 \cdot 14 = 980 & \text{-} \\ \varDelta_L' = 2\,\pi \cdot 50 \cdot 0{,}0438 \cdot 79{,}2 = 1090 & \text{-} \\ \varDelta_L'' = 2\,\pi \cdot 50 \cdot 0{,}0438 \cdot 70 = 965 & \text{-} \end{cases}$$

Für die Rück-
leitung
$$\begin{cases} \varDelta_r^R = J_R' \cdot r_2 = 89 \cdot 10 = 890 & \text{Volt} \\ \varDelta_L^R = 2\,\pi \cdot 50 \cdot 0{,}0425 \cdot 89 = 1187 & \text{-} \end{cases}$$

In Fig. 22 sind diese Größen zusammengestellt. A B C D E bilden die Verlustvektoren der Phase 1 und F G H K L diejenigen der Phase 2. Die resultierenden Spannungsverluste sind:

$$\varDelta_1' = A\,E = 2667 \text{ Volt}$$
$$\varDelta_2' = F\,L = 2600 \quad \text{-}$$

Und die Primärspannungen:

$$E_1 = 7600 \text{ Volt}$$
$$E_2 = 7200 \quad \text{-}$$

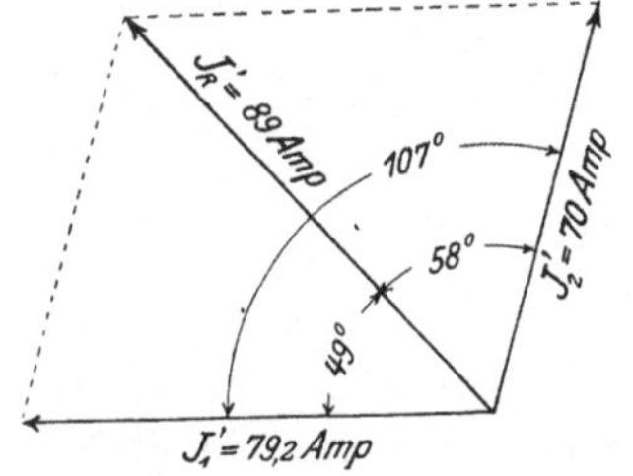

Fig. 21.

Diese primären Phasenspannungen haben, wie das Diagramm zeigt, eine Phasenverschiebung von 90^0.

Das arithmetische Mittel aus E_1 und E_2 ist 7400 Volt, und wir wollen annehmen, daß dieses die Klemmenspannung der Maschine ist. Konstruieren wir nun rückwärts, um die zugehörigen Sekundärspannungen zu bekommen, so ergibt sich:

$$O\,a = e_1' = 5160 \text{ Volt}$$
$$O\,f = e_2' = 4950 \quad \text{-}$$

also eine Differenz von 210 Volt oder ca. $4\,^0/_0$ von e_1'. Durch nochmalige Wiederholung der Berechnung der Verlustvektoren kann man ein mit den wirklichen Verhältnissen genauer übereinstimmendes Resultat erhalten.

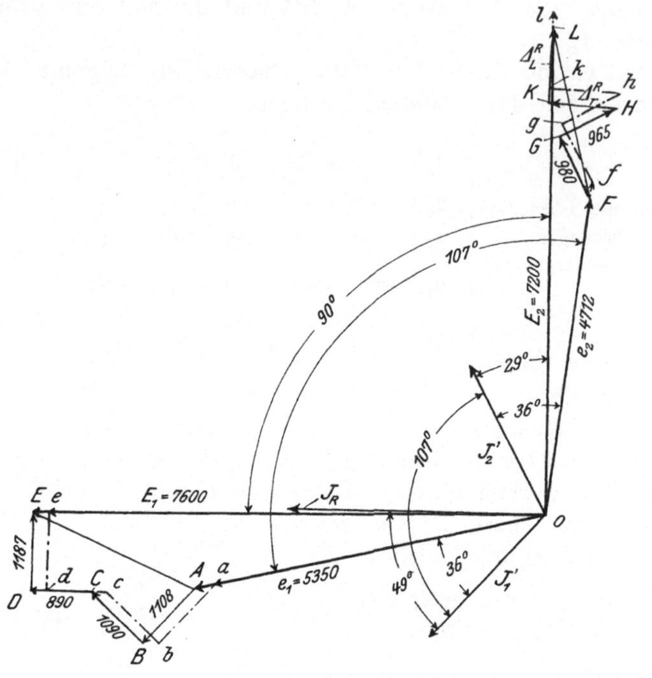

Fig. 22.

Aus diesem Beispiel geht deutlich hervor, daß das Zweiphasensystem, bei gleicher Belastung der sekundären Phasen, ungleiche sekundäre Phasenverschiebungen, Phasenströme und sekundäre Phasenspannungen aufweist.

Ist die mittlere primäre Verschiebung

$$\frac{49 + 29}{2} = 39^0$$

entsprechend einem $\cos \varphi_1$ von 0,77, so ist der Wirkungsgrad der Leitung:

$$\eta = \frac{\dfrac{5160 + 4950}{2} \cdot 0,8}{7400 \cdot 0,77} = 71\,\%.$$

IV. Die Berechnung der Drehstromleitungen.

1. Dreieck- und Sternschaltung.

Ist der induzierte Teil eines Wechselstromgenerators mit drei Wickelungen, 1, 2 und 3, versehen, welche gegeneinander um 120° (elektrisch) versetzt sind, so entstehen in denselben drei Spannungen und Ströme, die ebenfalls eine gegenseitige Verschiebung von 120° haben. Je nachdem man diese drei Wickelungen hintereinander oder parallel schaltet, erhält man die Dreieckschaltung (Fig. 23) oder die Sternschaltung (Fig. 24).

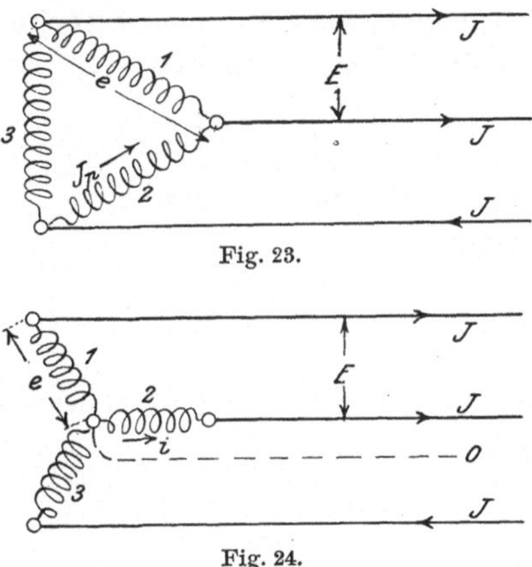

Fig. 23.

Fig. 24.

Wie aus Fig. 23 ersichtlich, ist die Phasenspannung e bei der Δ-Schaltung gleich der Spannung E zwischen zwei Leitungen.

$$e = E.$$

Dagegen ist der Strom J in einer Leitung gleich der geometrischen Differenz zweier Phasenströme J_p. Sind die drei Phasen gleichmäßig belastet, so ist

$$J = J_p \cdot \sqrt{3}$$

Bei der Y-Schaltung (Fig. 24) dagegen ist die Spannung E zwischen zwei Leitungen gleich der geometrischen Differenz zweier Phasenspannungen e:

$$E = e \sqrt{3}$$

und der Leitungsstrom J ist gleich dem Phasenstrom i:

$$J = i.$$

Die Leistung des Dreiphasensystems ist

$$P = E \cdot J \cdot \sqrt{3} \cdot \cos \varphi \quad \ldots \ldots \ldots \quad 25)$$

worin φ die Phasenverschiebung zwischen Strom und Phasenspannung bedeutet.

2. Approximative Vorausberechnung des Querschnittes für Drehstrom.

Ist eine Energiemenge P_2 auf eine Strecke 1 mittels drei-
phasigen Wechselstroms zu übertragen, so ist der Joulesche
Energieverlust

$$3 \cdot J^2 \cdot r = P_1 (1 - \eta) \quad \ldots \ldots \ldots \quad a)$$

worin r der Widerstand eines Leiters ist.

Nach Gleichung 25 ist:

$$J = \frac{P_2}{E_2 \cdot \sqrt{3} \cdot \cos \varphi_2} \quad \ldots \ldots \ldots \quad b)$$

Durch Einsetzen der Gleichung b) in a) erhält man

$$3 \cdot \left[\frac{P_2}{E_2 \sqrt{3} \cdot \cos \varphi_2} \right]^2 \cdot \frac{1}{57 \cdot s} = \frac{P_2}{\eta} (1 - \eta)$$

Lösen wir diese Gleichung für s auf, so ist

$$s = \frac{P \cdot 1}{57 \, (E_2 \cdot \cos \varphi_2)^2 \left(\dfrac{1}{\eta} - \eta \right)} \quad \ldots \ldots \quad 26)$$

3. Berechnung des Spannungsverlustes bei Dreieck-schaltung.

Sind Δ_r und Δ_L der ohmische bezw. induktive Spannungsverlust einer Leitung, so ist der resultierende Spannungsverlust derselben

$$\Delta' = \sqrt{\Delta_r{}^2 + \Delta_L{}^2}$$

Der Gesamtspannungsverlust, d. h. die geometrische Differenz zwischen Primärspannung E_1 und Sekundärspannung E_2, ist gleich der geometrischen Differenz der Spannungsverluste $\varDelta'$ zweier Phasenleitungen.

Aus Fig. 25 ergibt sich der gesamte Spannungsverlust $\varDelta$ zu

$$\varDelta = \varDelta' \cdot \sqrt{3}$$

Man berechnet also $\varDelta_r$ und $\varDelta_L$ für einen Leiter und multipliziert ihre geometrische Summe $\sqrt{\varDelta_r{}^2 + \varDelta_L{}^2}$ mit $\sqrt{3}$.

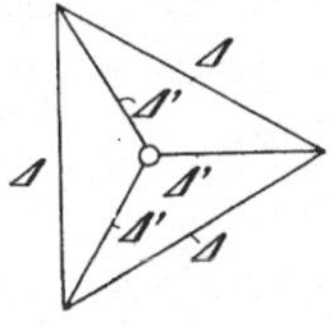

Fig. 25.

Der so erhaltene Spannungsvektor wird nach Größe und Phase in das Diagramm eingetragen, und man vollzieht die geometrische Addition resp. Subtraktion für eine Phase.

4. Berechnung des Spannungsverlustes bei Sternschaltung.

Ist keine Nulleitung (0 Fig. 24) vorhanden, und gehen wir, wie wir es immer getan haben, von einer gleichmäßigen Verteilung der Belastung auf die drei Phasen aus, so ist der Spannungsabfall per Phase gleich dem Spannungsabfall einer Leitung. $\varDelta_r$ und $\varDelta_L$ sind wieder der ohmische bezw. induktive Spannungsverlust einer Leitung und

$$\varDelta = \sqrt{\varDelta_r{}^2 + \varDelta_L{}^2} \,.$$

Ist e_2 die sekundäre Phasenspannung, so ist

$$e_2 + \varDelta = \frac{E_2}{\sqrt{3}} + \varDelta = e_1$$

$$E_1 = e_1 \sqrt{3}$$

Die Konstruktion des Diagramms geht aus Fig. 26 hervor: e_2 ist die sekundäre, e_1 die primäre Phasenspannung. Um $\varphi_2{}^0$ resp. $\varphi_1{}^0$ eilt der Leitungsstrom J den Phasenspannungen nach.

Durch Verkettung der Phasenspannungen erhält man die primären bezw. sekundären Leitungsspannungen E_1 und E_2.

3*

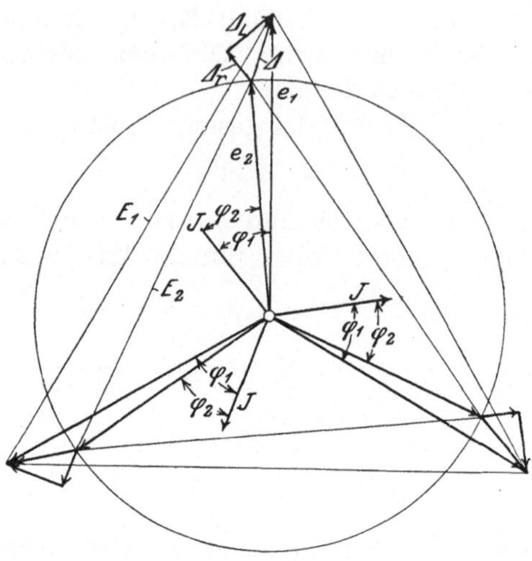

Fig. 26.

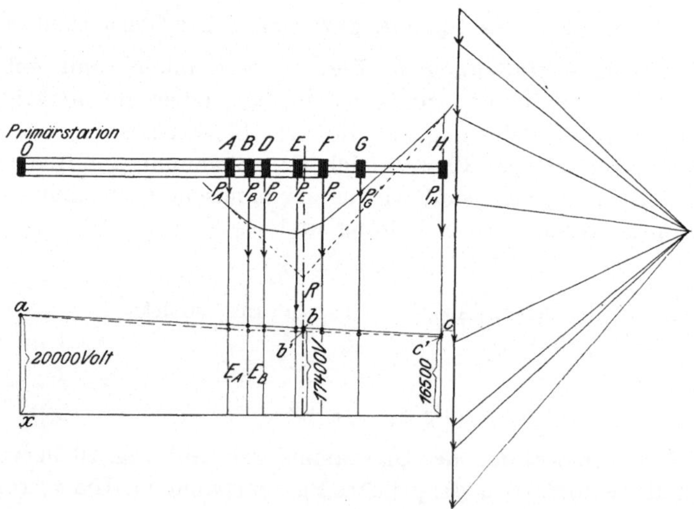

Fig. 27.

5. Die Berechnung einer Fernleitung für Drehstrom.

Von einer Primärstation (O Fig. 27) ist hochgespannte Dreiphasenenergie nach den sieben Unterstationen A, B, D . . . . . H zu übertragen. Die normale sekundäre Belastung beträgt etwa 8130 Kilovoltampere und ist auf die Unterstationen im Verhältnis der Komponenten P_A, P_B . . . . P_H verteilt.

Der überwiegende Teil der übertragenen Energie wird für Asynchronmotoren verwendet bei einem mittleren $\cos \varphi_2$ von 0,86.

Auf der Strecke OF ist eine doppelte Mastenreihe aufgestellt, und sind auf jeder 2×3 Leitungen von 50 mm² montiert. Die Strecke F—H erhält nur eine Mastenreihe mit 2×3 Leitungen von 35 mm². Alle Leitungen sind in Form eines Dreiecks montiert und besitzen eine gegenseitige Entfernung von 700 mm.

In O soll die Spannung normal auf 20 000 Volt gehalten werden; die Spannungen bei den Stationen A, B . . . H sind für normale Belastung zu ermitteln.

Die Längen der einzelnen Strecken betragen: OA = 41,3 km, AB = 3,72, BD = 3,22, DE = 6,2, EF = 4,97, FG = 7,32, GH = 16,2 km.

Um die Spannungen bei A, B . . . . . H berechnen zu können, müssen wir die Größe der Ströme kennen, welche bei normaler Belastung von den Leitungen OA, AB . . . GH geführt werden. Um schnell das Ziel zu erreichen, bestimmen wir nach der bekannten Methode der Graphostatik die Resultante R der Belastungen P_A, P_B . . . P_H. Wir nehmen nun an, daß die gesamte Belastung bei R angreift, und berechnen unter Annahme eines ungefähren Wirkungsgrades und Phasenwinkels die hier herrschende Spannung E_2 nach der Gleichung 26. Diese Berechnung ergibt in unserem Falle eine Spannung von 17 400 Volt bei R.

Tragen wir bei O die Spannung der Primärstation = x a = 20 000 Volt auf und ziehen eine gerade Linie von a durch b, so schneidet diese Linie auf den Ordinaten P_A, P_B . . . die Größen E_A, E_B . . . . . ab, welche wir als Spannungen der zugehörigen Sekundärstation ansehen und der Berechnung der Leitungsströme zugrunde legen wollen.

Bei Normalbelastung sind in der Primärstation alle ausgehenden Leitungen parallel geschaltet, und können wir deshalb annehmen, daß jede der vier Leitergruppen von 3×50 mm² der Strecke OF mit $^1/_4$, und jede der zwei Leitergruppen von 3×35 mm² der Strecke FH mit der Hälfte der auf die zugehörige Strecke zu übertragenden Stromstärke belastet ist.

Auf Grund dieser Annahme ergibt sich:

$$\text{Summe der Ströme}[1] \quad \text{A B D E F G H} = 80 \text{ Amp.}$$

$$\text{-} \quad \text{-} \quad \text{-} \quad \text{B D E F G H} = 74 \quad \text{-}$$

$$\text{-} \quad \text{-} \quad \text{-} \quad \text{D E F G H} = 52 \quad \text{-}$$

$$\text{-} \quad \text{-} \quad \text{-} \quad \text{E F G H} = 42 \quad \text{-}$$

$$\text{-} \quad \text{-} \quad \text{-} \quad \text{F G H} = 22 \quad \text{-}$$

$$\text{-} \quad \text{-} \quad \text{-} \quad \text{G H} = 24 \quad \text{-}$$

$$\text{-} \quad \text{-} \quad \text{-} \quad \text{H} = 16 \quad \text{-}$$

für jede Leitergruppe von drei Leitungen.

Nachdem wir diese Daten erhalten haben, wollen wir die Spannungsverluste der einzelnen Strecken berechnen und bestimmen zunächst den ohmischen Widerstand und die Leitungsinduktion per km:

Für die Strecke OF ist:

$$r = \frac{1}{57} \cdot \frac{1000}{50} \; 0{,}35 \text{ Ohm}$$

per km und

$$L = \left(0{,}5 + 2 \cdot \log \text{nat} \; \frac{2 \cdot 70}{\sqrt{\dfrac{4 \cdot 0{,}50}{\pi}}}\right) \cdot 10^{-4} = 10{,}83 \cdot 10^{-4}$$

oder

$$\omega L = 2\pi \cdot 50 \cdot 10{,}83 \cdot 10^{-4} = 0{,}34 \text{ Henry}$$

per km.

Wir können nun den Spannungsabfall der einzelnen Strecken berechnen.

Auf der Strecke OA ist

$$\varDelta_r = 80 \cdot 0{,}35 \cdot 41{,}3 = 1156 \text{ Volt}$$

und

$$\varDelta_L = \omega L J = 0{,}34 \cdot 80 \cdot 41{,}3 = 1117 \text{ Volt}$$

---

[1] Da alle Unterstationen mit ungefähr gleicher induktiver Belastung arbeiten, ist hier vorausgesetzt worden, daß sämtliche Ströme in Phase sind und somit arithmetisch addiert werden können.

Diese beiden Vektoren bezw. die Resultante $\varDelta_1$ derselben soll von der primären Phasenspannung

$$e_1 = \frac{20\,000}{\sqrt{3}} = 11\,550 \text{ Volt}$$

abgezogen werden, um die Phasenspannung bei A zu erhalten.

Da die primäre Phasenverschiebung unbekannt ist, wollen wir vorläufig cos φ_1 zu 0,843 annehmen und den zugehörigen Winkel φ_1 in das Diagramm eintragen. J in Fig. 28b ist die Richtung der Stromresultante und OA die Richtung und Größe der primären Phasenspannung e_1. Konstruieren wir nun $\varDelta_r$ und $\varDelta_L$ phasengleich und senkrecht zum Stromvektor, so erhalten wir den resultierenden Spannungsverlust $\varDelta_1 = $ Aa und die Spannung e_A von O bis A nach Größe und Phase (Fig. 28a). Der Winkel $\psi_1 = $ JOx zwischen $\varDelta_r$ und $\varDelta_1$ ist konstant für alle resultierende Spannungsverluste zwischen O und F, da weder der ohmische Widerstand noch die Leitungsinduktion per km auf dieser Strecke geändert wird.

Um die Spannungen der Stationen A, B . . . . F zu finden, genügte es somit, nur die eine der beiden Spannungsvektoren $\varDelta_r$ oder $\varDelta_L$ zu berechnen, da wir auf konstruktivem Wege die übrigen Größen finden können.

Für die Konstruktion ist es am einfachsten, von $\varDelta_L$ auszugehen, und wollen wir deshalb sämtliche Werte $\varDelta_L$ für die Strecke AF bestimmen.

$$
\begin{aligned}
\varDelta_L \text{ für } AB &= 0{,}34\,.\,74\,.\,3{,}72 = 93{,}5 \text{ Volt} \\
\varDelta_L \ \text{-} \quad BD &= 0{,}34\,.\,52\,.\,3{,}22 = 57 \quad\ \text{-} \\
\varDelta_L \ \text{-} \quad DE &= 0{,}34\,.\,42\,.\,6{,}2 \ = 88{,}5 \quad \text{-} \\
\varDelta_L \ \text{-} \quad EF &= 0{,}34\,.\,22\,.\,4{,}97 = 37 \quad\ \text{-}
\end{aligned}
$$

Nachdem wir diese Werte in Fig. 28a senkrecht zum Stromvektor konstruiert haben, erhalten wir die zugehörigen ohmischen Spannungsvektoren, indem wir durch die Endpunkte der $\varDelta_L$ mit dem Stromvektor parallele Linien bis zum Schnittpunkte mit der Linie A a ziehen. a b ist somit der resultierende Spannungsabfall der Strecke A B, und $e_A - $ a b $= e_B$ stellt die Phasenspannung der Unterstation B dar. Auf diese Weise haben wir die Größen der Phasenspannungen e_B, e_D, e_E und e_F gefunden. Da die Fernleitung von F bis H aus nur zwei Leitungsgruppen von je 3×35 mm² starken Leitungen besteht, so müssen wir die Richtung der resultierenden Spanungsverluste dieser Leitungsstrecke bestimmen.

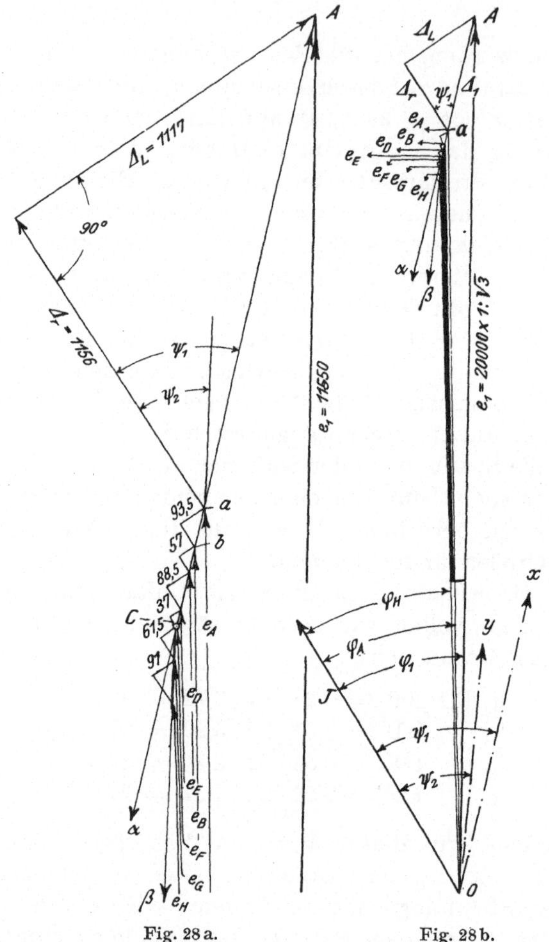

Fig. 28 a.   Fig. 28 b.

Der ohmische Widerstand per km ist:

$$r = \frac{1}{57} \cdot \frac{1000}{35} = 0{,}5 \text{ Ohm}$$

und die Leitungsinduktion per km

$$L = \left(0,5 + 2 \cdot \log \text{nat} \; \frac{2 \cdot 70}{\sqrt{\dfrac{4 \cdot 0,35}{\pi}}}\right) \cdot 10^{-4} = 11,20 \cdot 10^{-4} \; \text{Henry}$$

$$\omega L = (2 \cdot \pi \cdot 50) \cdot 11,20 \cdot 10^{-4} = 0,352$$

per km.

Der ohmische Spannungsverlust der Strecke FG ist:

$$\Delta_r = 0,5 \cdot 24 \cdot 7,32 = 88 \; \text{Volt}$$

und

$$\Delta_L = 0,352 \cdot 24 \cdot 7,32 = 61,5 \; \text{Volt}$$

Zeichnen wir diese beiden Größen in das Diagramm hinein, und ziehen ihre geometrische Summe von e_F ab, so erhalten wir die Phasenspannung e_G der Station G. Die Richtung der resultierenden Spannungsverluste dieser Leitungsstrecke ist $\dot{C}\beta$ bezw. Oy, welche dem Stromvektor um den Winkel ψ_2 vorauseilt.

Wir berechnen nun den induktiven Spannungsvektor der letzten Strecken G H zu

$$\Delta_L = 0,352 \cdot 16 \cdot 16,2 = 91 \; \text{Volt}$$

und erhalten durch Eintragung dieser Größe in das Diagramm die Phasenspannung e_H der Station H.

Aus dem Diagramm erhält man folgende Phasenspannungen e, welche mit $\sqrt{3}$ multiplizirt die zugehöhrigen verketteten Spannungen E ergeben:

In der Unterstation

H ist e $=$	9 420;	E $=$	9 420 $\sqrt{3} = 16\,300$ Volt
G -	e $=$	9 580;	E $=$ 9 580 $\sqrt{3} = 16\,600$ -
F -	e $=$	9 680;	E $=$ 9 680 $\sqrt{3} = 16\,750$ -
E -	e $=$	9 730;	E $=$ 9 730 $\sqrt{3} = 16\,850$ -
D -	e $=$	9 840;	E $=$ 9 840 $\sqrt{3} = 17\,000$ -
B -	e $=$	9 900;	E $=$ 9 900 $\sqrt{3} = 17\,130$ -
A -	e $=$	10 040;	E $=$ 10 040 $\sqrt{3} = 17\,400$ -

In der Primärstation

O ist e $= 11\,550$; E $= 11\,550 \; \sqrt{3} = 20\,000$ Volt

Wir wollen nun untersuchen, wie viel die für cos φ gefundenen Werte an den einzelnen Stationen von dem festgesetzten Wert 0,86 abweichen.

Der Winkel φ_H in Fig. 28 b ist 29^0 und $\varphi_A = 30^0\ 30'$ entsprechend einem cos φ von 0,875 bezw. 0,861.

Da cos φ eine Größe ist, die sich in jedem Augenblick je nach der Belastung der angeschlossenen Motoren ändert, so wollen wir dieses Resultat als für die Praxis brauchbar ansehen.

Um kontrollieren zu können, ob die approximativ berechneten Stromwerte von den wirklichen nicht zu sehr abweichen, tragen wir die gefundenen Werte der verketteten Spannungen als Ordinaten in Fig. 27 ein. Die punktierte Linie a b' c' verbindet die Endpunkte der zuletzt berechneten Spannungen. Die größte Abweichung finden wir bei A, indem die wirkliche Spannung etwa 3,3 Proz. kleiner ist als die approximativ berechnete. Die kleinste Abweichung — bei H — ist etwa 1,2 Prozent.

Handelt es sich um eine möglichst genaue Bestimmung der für die Transformatoren der einzelnen Unterstationen in Betracht kommende Primärspannungen, so ist eine Differenz von 3,3 Proz. nicht zu vernachlässigen, besonders wenn an die Sekundärnetze Lichtkonsumenten angeschlossen sind. In diesem Falle ist die Berechnung an Hand der zuletzt gefundenen Spannungswerte zu wiederholen, indem man zuerst die genauen Werte der Ströme in den Primärwicklungen der Transformatoren ermittelt und dann die graphische Berechnung der Spannungen an den Stationen wiederholt.

Da in unserem Beispiel die Belastung größtenteils durch Motoren gebildet ist, werden wir uns mit dem gefundenen Spannungswert begnügen.

V. Die Berechnung des Spannungsverlustes, wenn die Fernleitung aus Freileitung und Kabel besteht.

Es kommt in der Praxis häufig vor, daß eine Fernleitung teilweise aus Kabel hergestellt werden muß. Dies ist z. B. der Fall, wenn die Sekundärstation einer Kraftübertragungsanlage in einer Stadt belegen ist. In diesem Falle läßt man die Luftleitung an der Stadtgrenze aufhören und verlegt die Leitung zwischen Luftleitung und Sekundärstation als Kabel.

Ist die zu übertragende Energiemenge groß und die Spannung hoch, so muß man, besonders bei größeren Längen des Kabels, die Kapazitätswirkung desselben berücksichtigen.

In Fig. 29 ist ein solcher Fall schematisch dargestellt, und wollen wir an der Hand dieses Schemas untersuchen, wie sich die Potentialgefälle dieser aus Luftleitung und Kabel kombinierten Fernleitung gestalten.

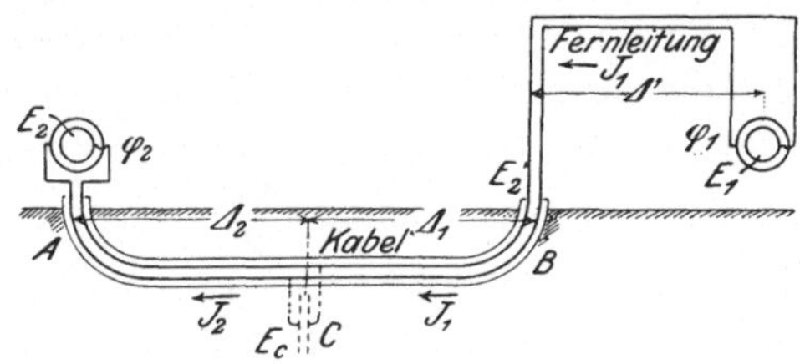

Fig. 29.

Schon auf S. 10 haben wir gelernt, daß ein Kabel im Wechselstromkreise eine stetige Abnahme des Laststroms nach der Primärstation zu verursacht, unter der Voraussetzung, daß der Sekundärstrom der Sekundärspannung nacheilt.

Dagegen bewirkt das Kabel eine Zunahme des Stromes, wenn die sekundäre Belastung induktionsfrei ist.

In vorliegendem Falle wollen wir davon ausgehen, daß der sekundäre Laststrom $J_2 \varphi_2^0$ der Sekundärspannung nacheilt; wir können dann annehmen, daß der Strom in der Luftleitung kleiner sein wird als der Strom J_2 an dem Ende des Kabels, wenn φ_2 nicht allzuklein ist.

Um die Reduktion des Stromes von A nach B exakt zu bestimmen, müssen wir die Kapazität C des Kabels in n Teile zerlegen und die so erhaltenen n-Kondensatoren, von der Kapazität $\frac{C}{n}$, dem nunmehr als kapazitätslos gedachten Kabel in Abständen von $\frac{1}{n}$ Meter parallel schalten. Die Ladeströme i_1, i_2 .... i_n der n-Kondensatoren sind dann von dem Hauptstrom geometrisch abzuziehen, indem man bei dem der Sekundärstation nächstliegenden Teilkondensator anfängt und die Größen $(J_2 - i_1)$, $(J_2 - i_1) - i_2$ u. s. w. geometrisch bestimmt. Je größer man die Anzahl n der Teilkondensatoren annimmt, desto genauer wird das Resultat.

Es ist leicht einzusehen, daß eine solche Berechnung sehr umständlich und infolgedessen zeitraubend ist, besonders da die Ladeströme i_1, i_2 ... einander nicht gleich sind, sondern durch die an den gedachten n Kondensatoren herrschenden „Klemmen"-Spannungen bestimmt werden. Man verwendet deshalb besser eine zwar nicht so genaue, den Anforderungen der Praxis aber vollkommen entsprechende Annäherungsmethode.

Bei dieser setzt man voraus, daß die gesamte Kapazität des Kabels in einem großen (statt n kleinen) Kondensator C (Fig. 29) vereinigt ist, und daß dieser Kondensator in der Mitte des Kabels, d. h. im Abstand $\frac{AB}{2}$, der Leitung parallel geschaltet ist.

Auf Grund dieser Voraussetzung wollen wir die Primärspannung einer solchen Anlage bestimmen. In Fig. 30 ist E_2 die Spannung bei A und J_2 der um den Winkel φ_2^0 hinter E_2 verschobene Laststrom. Wir wollen zunächst die Spannung E_c an den Klemmen des gedachten Kondensators bestimmen, um den Ladestrom J_k nach Größe und Phase berechnen zu können.

Ohne Berücksichtigung der Induktion des Kabels ist der Spannungsverlust zwischen C und A:

$$\varDelta_2 = J_2 \cdot r,$$

worin r den ohmischen Widerstand der Strecke A C bedeutet. $\varDelta_2$ ist mit J_2 in Phase, und wir erhalten durch geometrische Addition von E_2 und $\varDelta_2$ die „Kondensatorspannung" E_c.

Nach Gleichung 12) ist der Ladestrom J_k des Kabels:

$$J_k = E_c . C . 2\pi . \sim 10^{-6} \text{ Amp.}$$

Dieser Stromvektor steht auf der Spannung E_c senkrecht. Addieren wir nun J_2 und J_k, so erhalten wir den Strom J_1, welcher, wie aus Fig. 30 ersichtlich, kleiner ist als der Laststrom J_2.

Um die Spannung bei B zu bestimmen, berechnen wir den Spannungsverlust $\varDelta_1$ zwischen C und B:

$$\varDelta_1 = J_1 . r .$$

Dieser Spannungsverlust ist mit J_1 in Phase und gibt, zu E_c addiert, die Spannung E_2' bei B.

Für die Luftleitung bestimmen wir $\varDelta_r$ und $\varDelta_L$ in gewohnter Weise und addieren ihre Resultante $\varDelta'$ zu E_2', woraus sich die Primärspannung E_1 ergibt.

Diese Primärspannung eilt dem Leiterstrome um den Winkel φ_1 voraus.

Da der Strom primär und sekundär in diesem Falle nicht von derselben Größe ist, so kann man bei der Berechnung des Wirkungsgrades der ganzen Leitung nicht die Gleichung 21) verwenden; der Wirkungsgrad in diesem Spezialfalle ist vielmehr:

$$\eta = \frac{J_2 . E_2 . \cos \varphi_2}{J_1 . E_1 . \cos \varphi_1} . 100 \quad \ldots \ldots \quad 27)$$

Der Einfachheit halber haben wir in diesem Beispiel stillschweigend vorausgesetzt, daß die Anlage, welche durch Fig. 29 schematisch dargestellt ist, mit Einphasenstrom betrieben wird.

Hat man dagegen z. B. mit Dreiphasenenergie zu tun, so muß man das in Abschnitt IV, 3—4 über den Spannungsverlust Gesagte berücksichtigen.

Beispiel: Wie groß ist die Kapazität und der Ladestrom eines 8 km langen Drehstromkabels, wenn k = 1,15 ist und die

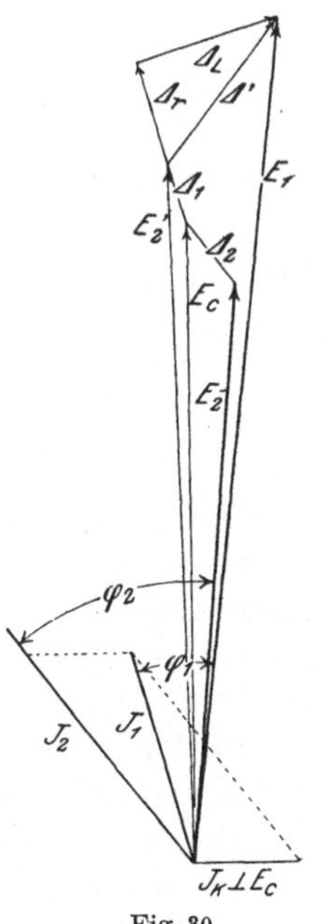

Fig. 30.

Größe der verketteten Spannung im Abstand $\dfrac{l}{2} = 4$ km vom Endpunkte des Kabels etwa 9500 Volt ausmacht.

Die Dimensionen des Kabels sind:

$$R = 3{,}5 \quad a = 1{,}7 \text{ und } \varrho = 0{,}5 \text{ cm.} \quad \text{(Siehe Fig. 6.)}$$

Nach Gleichung 15) ist:

$$C = \frac{1{,}15}{\log \operatorname{nat} \left(\dfrac{3 \cdot 1{,}7^2}{0{,}5^2} \cdot \dfrac{(3{,}5^2 - 1{,}7^2)^3}{3{,}5^6 - 1{,}7^6} \right)} \cdot \frac{1}{9} \cdot 8 = 0{,}386 \text{ MF.}$$

Und der Ladestrom

$$J = \frac{9500}{\sqrt{3}} \cdot 0{,}386 \cdot (2\,\pi \cdot 50)\, 10^{-6} = 0{,}66 \text{ Amp.}$$

VI. Vergleich des Kupferverbrauches der verschiedenen Systeme.

---

1. Minimale und maximale Potentialdifferenz.

Die Kupferkosten einer Kraftübertragungsanlage bilden im allgemeinen einen sehr großen Prozentsatz der Gesamtanlagekosten. Ist deshalb bei einer Neuanlage das System nicht durch die Eigenart der Anlage selbst gegeben, so sind die Kupferkosten bei der Wahl des Systems ausschlaggebend.

In den meisten Fällen wird jedoch das System von vornherein gegeben sein, indem man für Kraftanlagen und kombinierte Kraft- und Lichtanlagen meistens den Drehstrom — seltener den Zweiphasenstrom — für „reine" Lichtanlagen dagegen den Einphasenstrom wählt, im letzten Falle wegen der besseren Regulierfähigkeit des Einphasensystems gegenüber den beiden erstgenannten Systemen.

Wird die Energie nur für Bahnzwecke verwendet, so kommen in diesem Falle überwiegend Synchronmotoren zur Verwendung, und da dieselben nicht von der Art des Systems abhängig sind, so können hier ebenfalls nur die Kupferkosten für die Wahl des Systems als maßgebend angesehen werden.

Da die verschiedenen Wechselstromsysteme bei gleicher, zu übertragender Energiemenge, gleicher Distanz und gleichen Verlusten verschiedene Leitungs- und Phasenspannungen haben, so muß man bei einem Vergleich entweder von gleicher minimaler oder gleicher maximaler Spannung ausgehen.

Im ersten Falle hat man für das Einphasensystem die Spannung E, für das Zweiphasensystem $\frac{E}{\sqrt{2}}$ und für das Dreiphasensystem $\frac{E}{\sqrt{3}}$ einzuführen, wenn E die größte zwischen zwei Leitungen herrschende Spannung ist.

Im zweiten Falle geht man von der maximalen Spannung zwischen zwei Leitungen aus.

Nachfolgende Untersuchungen werden wir auf Grund gleicher minimaler Spannung durchführen, und wollen wir alle Ergebnisse in Prozenten des Kupferverbrauches des Einphasensystems ausdrücken und letzteren gleich 100 Proz. setzen.

2. Das verkettete Zweiphasensystem.

Um gleiche Stromdichte in allen drei Leitungen zu bekommen, soll der Querschnitt der Rückleitung $\sqrt{2}$ mal so groß angenommen werden als derjenige der Phasenleitungen.

Sind i und J die Ströme in einer Phasenleitung bezw. in der Rückleitung, R_1 und R_2 die zugehörigen Widerstände, so ist der Joulesche Verlust der Leitung:

$$P_1 = 2 \cdot i^2 \cdot R_1 + J^2 \cdot R_2$$

und da

$$J = i \cdot \sqrt{2} \quad \text{und} \quad R_2 = \frac{R_1}{\sqrt{2}},$$

so ist

$$P_1 = 2\, i^2 \cdot R_1 + (i \cdot \sqrt{2})^2 \cdot \frac{R_1}{\sqrt{2}}$$

$$= i^2 \cdot R_1 \, (2 + \sqrt{2}).$$

Bei $\cos \varphi = 1$ ist die zu übertragende Energie:

$$P = 2 \cdot e \cdot i$$

und bei Einphasenstrom gleich e . J. Durch Gleichsetzen dieser
Formeln erhalten wir

$$i = \frac{J}{2}$$

und

$$P_1 = \frac{J^2 . R_1 \, (2 + \sqrt{2}\,)}{2^2}$$

Der Energieverlust bei Einphasenstrom ist

$$P_1' = 2 . J^2 . r,$$

wenn r der Widerstand einer Einphasenleitung ist. Gemäß
unserer Voraussetzung soll $P_1 = P_1'$ sein:

$$\frac{J^2 . R_1 \, (2 + \sqrt{2}\,)}{4} = 2 . J^2 . r$$

oder

$$\frac{R_1 \, (2 + \sqrt{2}\,)}{8} = r .$$

Der Querschnitt einer Phasenleitung des Zweiphasensystems ist demnach $\dfrac{2 + \sqrt{2}}{8}$ mal so groß als der einer
Leitung des Einphasensystems.

Der Querschnitt der Rückleitung ist demnach

$$\left(\frac{2 + \sqrt{2}}{8} \right) \sqrt{2} \; .$$

Benötigt das Einphasensystem zwei Leitungen vom Gesamtquerschnitt $1 + 1 = 2$, so erfordert das verkettete Zweiphasensystem nach unserer Voraussetzung einen Gesamtquerschnitt

$$2 \left(\frac{2 + \sqrt{2}}{8} \right) + \sqrt{2} \left(\frac{2 + \sqrt{2}}{8} \right) = 1,457$$

oder in Prozenten des Kupferverbrauches des Einphasensystems:

$$\frac{1,457}{2} \cdot 100 = 72,9 \, \text{Proz.}$$

3. Das Dreiphasensystem mit Δ-Schaltung.

Die zu übertragende Energie bei $\cos \varphi = 1$ ist:

$$P = E \cdot i \cdot \sqrt{3}.$$

Wenn R der Widerstand einer Leitung ist, so ergibt sich der gesamte Energieverlust zu:

$$P_1 = 3 \cdot i^2 \cdot R \ldots \ldots \ldots \ldots a)$$

Beim Einphasensystem ist die Energie $E \cdot J$.

Setzen wir $E \cdot i \sqrt{3} = E \cdot J$, so ist $i = \dfrac{J}{\sqrt{3}}$ und der Gesamtverlust $P_1 = 3 \cdot \left(\dfrac{J}{\sqrt{3}}\right)^2 \cdot R = J^2 \cdot R.$

Beim Einphasenstrom ist der Gesamtverlust $P_1' = 2 \cdot J^2 \cdot r$, und da $P_1 = P_1' = J^2 \cdot R = 2 J^2 \cdot r$ sein soll, so ist:

$$R = 2 r.$$

Aus dieser Gleichung ersieht man, daß der Querschnitt einer der zwei Einphasenleitungen doppelt so groß sein muß als der Querschnitt einer der drei Drehstromleitungen. Setzen wir den Querschnitt einer Drehstromleitung $= 1$, so ist der Gesamtquerschnitt $= 3 \cdot 1 = 3$. Beim Einphasensystem dagegen $2 \cdot 2 \cdot 1 = 4$.

Der prozentuale Kupferverbrauch des Drehstromes mit Δ-Schaltung ist somit

$$\frac{3}{4} \cdot 100 = 75\%$$

4. Das Dreiphasensystem mit Y-Schaltung.

Die Leitungsspannung ist hier $\sqrt{3}$ mal größer als die Phasenspannung und somit $\sqrt{3}$ mal größer als die Leitungsspannung der im vorigen Abschnitt behandelten Δ-Schaltung.

Der Kupferverbrauch wird somit $\left(\dfrac{1}{\sqrt{3}}\right)^2$ mal kleiner sein als beim Dreiphasensystem mit Δ-Schaltung.

Der Kupferverbrauch des Dreiphasensystems mit Y-Schaltung beträgt somit

$$\frac{1}{3} \cdot 75 = 25\%$$

vom Kupferverbrauche des Einphasensystems.

5. Zusammenstellung der Resultate.

Hat man den Kupferverbrauch der Systeme unter Berücksichtigung gleicher maximaler Spannung zu berechnen, so geschieht dies einfach, indem man statt der minimalen die maximalen Spannungen in die betreffenden Gleichungen einführt.

In nachstehender Tabelle ist der Kupferverbrauch, sowohl unter Berücksichtigung gleicher minimaler als auch gleicher maximaler Potentialdifferenz zusammengestellt.

System	Gleiche Minimalspannung	Gleiche Maximalspannung
Einphasiger Wechselstrom	100 %	100 %
Zweiphasenstrom mit vier Leitungen	100 %	100 %
- - drei -	72,9 %	145,7 %
Dreiphasenstrom mit Δ-Schaltung .	75 %	75 %
Dreiphasenstrom mit Y-Schaltung .	25 %	75 %

VII. Die kritische Spannung.

Außer dem früher behandelten Verlust treten folgende bei niedrigen Spannungen völlig zu vernachlässigende Verluste der Fernleitungen auf:

1. Die dielektrischen Hysteresisverluste, verursacht durch die Kondensatorwirkung der Isolatoren.
2. Die Verluste bei Oberflächenleitung der Isolatoren.
3. Die elektrische Entladung zwischen den Leitungen.

Die Verlustkategorien 1. und 2. wachsen nur langsam und ungefähr proportional der Spannung und sind selbst bei sehr hohen Spannungen (50—60 000 Volt) zu vernachlässigen.

Anders ist es aber mit dem Entladungsverlust. Dieser ist bei niedriger Spannung (10—12 000 Volt) kaum meßbar, nimmt aber, nachdem eine gewisse Spannung erreicht ist, mit jeder noch so kleinen Spannungserhöhung dermaßen rapid zu, daß eine rationelle Energieübertragung ausgeschlossen ist. Eingehende Messungen haben gezeigt, daß die kritische Spannung von gegenseitigem Abstand der Leitungen sowie von der Beschaffenheit der Leitung selbst abhängig ist.

Diese Messungen, welche vorzugsweise an den Fernleitungen der Telluride- und der Niagarawerke in Amerika vorgenommen worden sind, haben gezeigt, daß die Entladungsverluste bei gleicher Spannung kleiner sind, wenn die Leitungen mit einer Isolationsschicht umgeben, als wenn sie blank verlegt sind.

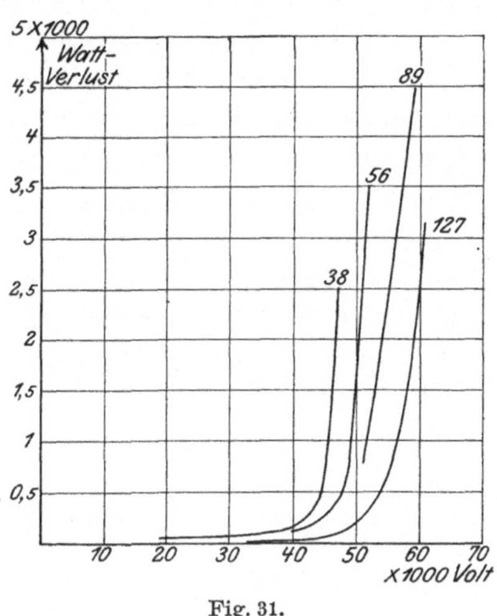

Fig. 31.

In Fig. 31 sind die Versuchsresultate der Telluridewerke graphisch zusammengestellt. Die Ordinaten sind Verluste in Watt und die Abszissen die Spannungen in Volt. Die drei Kurven sind aufgenommen bei Drahtabständen von 38, 56, 89 und 127 cm, und geht aus denselben hervor, daß bei den üblichen Drahtabständen von 70—80 cm die Verluste durch Entladung schon bei Spannungen von 50—60 000 Volt eine solche Höhe erreichen, daß von einer wirtschaftlichen Übertragung nicht mehr die Rede sein kann.

VIII. Die Berechnung der wirtschaftlich günstigsten Spannung.

1. Für Freileitungen.

Bei der Ausarbeitung des Projektes einer Kraftübertragungsanlage sollte man niemals unterlassen, sich über die Höhe der wirtschaftlich günstigsten Spannung einer Anlage durch eine approximative Berechnung Klarheit zu verschaffen.

Wie wir wissen, stehen die Kupferkosten im umgekehrten quadratischen Verhältnis zu der Höhe der Spannung. Mit der Spannung wachsen aber die Kosten für Maschinen, Transformatoren und Apparate. Die wirtschaftlich günstigste Spannung ist somit diejenige Spannung, bei der die Summe der Anlagekosten für Kupfer, Maschinen u. s. w. ein Minimum wird. Tragen wir in einem Koordinatensystem die Kosten des Kupfers als Funktion der Spannung auf, so erhalten wir beispielsweise die Kurve Cu (Fig. 32).

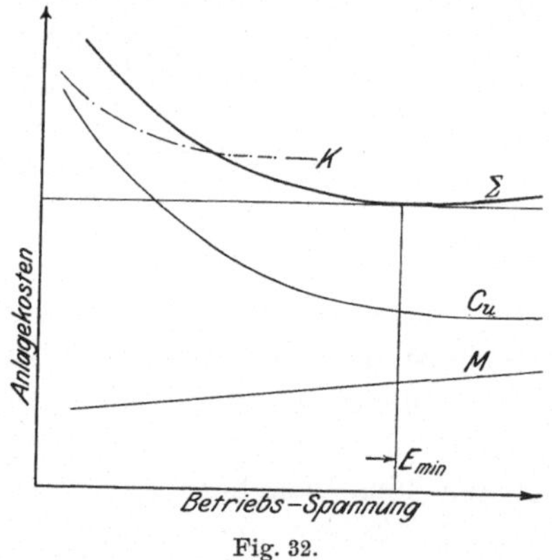

Fig. 32.

Die Kurve M erhalten wir, wenn wir die Kosten für Maschinen, Transformatoren, Schalter, Instrumente und Isolatoren etc. als Funktion der Spannung auftragen.

Als von der Spannung unabhängige Anlagekosten sind die des Gestänges und der schmiedeisernen Garnitur derselben, Grabarbeiten für Kabel u. s. w. anzusehen; diese brauchen daher nicht in der Kurve M enthalten sein. Die Montagekosten wachsen etwas mit der Höhe der Spannung, können aber, ohne einen merkbaren Fehler zu begehen, für Anlagen mit Spannungen über 1000 Volt bei der Berechnung der Kurve M vernachlässigt werden.

Die Betriebskosten setzen sich aus den Verwaltungskosten, unter welchen wir alle mit dem Betrieb verbundenen laufenden Unkosten verstehen, den jährlichen Abschreibungen für Amortisation der Anlage sowie aus der Verzinsung derselben zusammen.

Die Verzinsungs- und Amortisationskosten sind vom Anlagekapital abhängig und brauchen also bei der Berechnung der günstigsten Spannung nicht besonders berücksichtigt zu werden. Die Verwaltungskosten einer Kraftübertragungsanlage sind ebenfalls innerhalb weiter Grenzen von der Höhe der Spannung unabhängig.

Eine höhere Spannung fordert naturgemäß nicht eine Verstärkung des Aufsichtspersonals der Primär- und Sekundärstationen oder ein besser geschultes und deshalb teureres Personal. Wir können deshalb auch die Administrationskosten bei der Berechnung der Kurven vernachlässigen.

Addieren wir nun die beiden Kurven Cu und M, so erhalten wir die Summenkurve Σ und die wirtschaftlich günstigste Spannung E_{min}.

Um schnell ein Resultat zu erhalten, berechnet man etwa 5—6 Punkte der Kurven Cu und M in Abstufungen von je 2000 Volt bei niedrigen und 3000 Volt bei höheren Spannungen.

2. Für Kabel und Freileitung.

Wird eine größere Strecke der Fernleitung durch Kabel gebildet, so muß man zu den Kupferkosten noch die Isolationskosten des Kabels addieren. Da dieselben ungefähr proportional dem Quadrate der Spannung zunehmen, wird die Kurve Cu einen ganz anderen Verlauf aufweisen, als in Fig. 32 dargestellt, und zwar etwa den wie die Kurve K. Die wirtschaftlich günstigste Spannung wird somit bei einer Fernleitung bestehend aus Freileitung und Kabel niedriger, die Anlagekosten werden bedeutend höher sein als für eine Fernleitung die ausschließlich als Freileitung ausgebildet ist.

IX. Die praktische Ausführung der Hochspannungs-Fernleitungen.

1. Das Gestänge.

Die Masten, auf welchen die Isolatoren für die Leitungsdrähte montiert werden sollen, müssen äußerst sorgfältig ausgewählt werden, und man hat genau darauf zu achten, daß das Holz fest und gerade ist.

In Nord- und Mitteleuropa kommt die Fichte am meisten zur Verwendung. Die Länge der Masten variiert zwischen 8 und 12 m; der Zopfdurchmesser der geschälten Stange soll nicht unter 15 cm betragen.

Für längere Fernleitungen sind geeignete Abmessungen: 12 m Mastenlänge und 18—20 cm Zopfdurchmesser, Verjüngung von der Wurzel bis zum Zopf nicht größer als 1:100.

Nachdem das Holz gefällt ist, soll es, vor Regen und Sonne gut geschützt, 1—2 Jahre luftgetrocknet werden. Künstliche Trocknung ist zu vermeiden.

Bevor der Mast zur Aufstellung gelangt, wird er drei- bis viermal von der Wurzel bis etwa zwei Fuß über dem Erdniveau mit Teer überstrichen. Die Setztiefe H (Fig. 33) wählt man zu $\frac{1}{5}$ der Mastenlänge jedoch meist über 2,5 m.

Nachdem der Mast auf seinen Platz gebracht ist, wird der übrig bleibende Raum des Loches mit Steinen bis etwa 1 Fuß unter dem Erdniveau gefüllt. Der übrig bleibende Raum wird zweckmäßig mit Schwefelkies[1]) S (Fig. 33) gefüllt, um eine Vegetationsbildung um den Mast zu verhindern. Etwa alle zwei Jahre — in feuchten Gegenden auch öfter — ist der den Mast umgebende Kies- und Steinhaufen bis zu einer Tiefe von ca. 3 Fuß auszuwerfen zwecks „Lüftung" des Mastes. Diese Lüftung dauert etwa 2—3 Wochen, worauf der Mast neu geteert und das Loch wieder zugeworfen wird.

Die Richtung der Fernleitung muß selbstverständlich so gerade wie möglich sein. Eine zwischen Primärstation und

---

[1]) Nebenprodukt der Schwefelsäurefabrikation.

Sekundärstation vollkommen geradlinig verlaufende Fernleitung
ist wohl praktisch unerreichbar, und man muß sich deshalb
mit einer mehr oder weniger gebrochenen Linie begnügen.
In den durch die Richtungsänderung der Leitung gebildeten
Winkelpunkten werden der Betriebssicherheit halber am besten
in Beton eingebettete schmiedeiserne Gittermaste nach Fig. 34
aufgestellt. Sind die Leitungen auf beiden Seiten des Winkel-
punktes von gleicher Anzahl und Stärke, und ist der Abstand

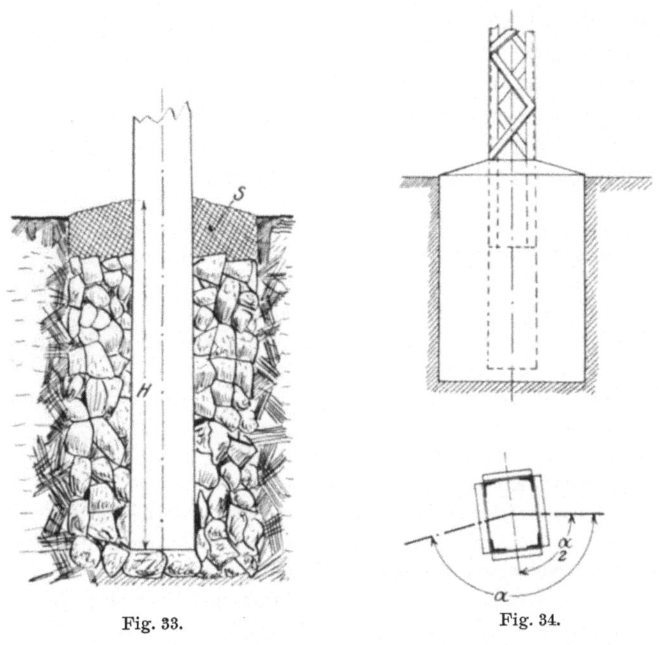

Fig. 33.   Fig. 34.

zwischen Winkelmast sowie dem beiderseits nächststehenden
Mast gleich, so liegt die Resultante des auf den Winkelmast
wirkenden Biegungsmoments in der Halbierungslinie des
Winkels α, und man hat bei Aufstellung des Gittermastes
darauf Rücksicht zu nehmen, daß die Achse seiner größten
Widerstandsfläche mit der Halbierungslinie des Winkels α
zusammenfällt. Anstatt Gittermasten kann man sich auch mit
Doppelmasten aus Holz begnügen; jedoch sind die Eisen-
masten den Holzdoppelmasten vorzuziehen.

Der Abstand zwischen den Masten variiert je nach den örtlichen Verhältnissen zwischen 35 und 50 m. Der Mastenabstand für eine bestimmte Anlage wird im allgemeinen von den betr. Behörden vorgeschrieben, und kann deshalb hierüber keine allgemein gültige Regel aufgestellt werden.

Führt man der Betriebssicherheit wegen eine Fernleitung mit zwei parallel laufende Mastenreihen aus, so hat man den Abstand zwischen denselben so zu wählen, daß beim Umfallen eines Mastes eine Beschädigung der Leitung auf der anderen Mastenreihe ausgeschlossen ist.

Der gegenseitige Abstand zweier paralleler Mastenreihen beträgt in den meisten Fällen 10 m.

Über die weitere Ausführung der Freileitungsmasten etc. geben die „Vorschriften über die Herstellung und Unterhaltung von Holzgestängen" folgende Anhaltspunkte[1]):

2. ..... Wenn für die Aufstellung der Leitungstragstangen die Wahl der Straßenseite freisteht, so empfiehlt sich die Benutzung der Ostseite, weil dann die eventuell durch den am häufigsten auftretenden Weststurm umgeworfenen Stangen nicht auf die Straße fallen.

Bei Leitungen welche heftigen Stürmen ausgesetzt sind, soll auch in geraden Strecken jede fünfte Stange mit Verankerungen derart versehen werden, daß ein Auffallen der Stange auf die Verkehrswege infolge von Stangenbrüchen möglichst ausgeschlossen wird.

3. An den Stangen muß bezeichnet sein:

    a) Das Jahr der Aufstellung.

    b) Die fortlaufende Nummer, wobei zu beachten ist, daß bei benachbarten oder sich kreuzenden Leitungen sämtliche Stangen verschiedene Nummern haben müssen.

    c) Die Art der eventuellen Imprägnierung durch einen Buchstaben: C = Kupfervitriol. Q = Quecksilberchlorid. K = Kreosot.

4. Für die Standpunkte der Stangen dürfen in geraden Strecken nachfolgende Maximalabstände nicht überschritten werden:

Für Linien mit einem Gesamtquerschnitt der Leitungsdrähte und Schutzdrähte

---

[1]) Teilweiser Auszug aus den „Vorschriften über die Herstellung und Unterhaltung von Holzgestängen für elektrische Starkstromanlagen" beschlossen in der Generalversammlung der Vereinigung der Elektrizitätswerke in Wien am 26. Mai 1903 sowie in der Generalversammlung des Verbandes Deutscher Elektrotechniker in Mannheim, Juni 1903.

a) von 100—200 mm² . . . . 45 m
b) - 200—300 - . . . . 40 -
c) darüber . . . . 35 -

An Straßen- und Wegübergängen muß bei Hochspannungsleitungen auf jeder Seite der Straße eine Stange stehen, deren Umfallen auf die Straße durch Verstärkung der Verankerung oder Verstrebung möglichst zu verhindern ist. Ist der Gesamtquerschnitt der Leitungen größer als 300 mm², oder muß infolge besonderer Umstände, wie z. B. bei Flußübergängen, zu größeren Stangenabständen, als oben angegeben, gegriffen werden, so sind entweder Stangen von stärkeren Dimensionen oder gekuppelte Stangen anzuwenden.

In § 23 mom. i und r ist vorgeschrieben:

i) Spannweite und Durchhang müssen so bemessen werden, daß Gestänge aus Holz mit zehnfacher und aus Eisen mit fünffacher Sicherheit und Leitungen bei — 20° C. mit fünffacher Sicherheit (Leitungen aus hartgezogenem Metall mit dreifacher Sicherheit) beansprucht sind. Dabei ist der Winddruck mit 125 kg pro m² senkrecht getroffener Fläche in Rechnung zu bringen[1]).

r) Eisenmaste müssen, falls sie nicht gut geerdet werden können, bis 2 m Höhe mit einer abstehenden Schutzverkleidung (z. B. aus Holz) versehen sein.

2. Leitungen und Isolatoren.

Als Material für die Leitungsdrähte kommt beinahe ausschließlich das Kupfer in Betracht. Neuerdings hat man auch das Aluminium für diesen Zweck herangezogen, es sind aber bis heute nur eine verschwindende Anzahl Anlagen mit Aluminiumleitungen ausgerüstet worden. Für Leitungen mit einem kleineren Querschnitt als 25 qmm kommen hartgezogene Kupferdrähte, bei größeren Querschnitten besser Kupferseile zur Verwendung. Die Leitungen sind so zu spannen, daß sie bei der niedrigst vorkommenden Temperatur nicht über eine den „Vorschriften" entsprechende Maximalbelastung beansprucht werden.

Bei dieser Berechnung muß man außer dem Eigengewicht des Drahtes noch eine im Winter event. vorkommende Reif- und Schneebelastung sowie den Winddruck berücksichtigen.

---

[1]) Siehe Näheres hierüber in Abschnitt über „Leitungen und Isolatoren".

Nehmen wir der Einfachheit halber an, daß der Winddruck horizontal gegen die Leitung gerichtet ist, und bezeichnen wir denselben mit G_w, so ist die Gesamtbelastung des Drahtes

$$G = \sqrt{G_w{}^2 + G_e{}^2} \quad \ldots \ldots \ldots \text{a)}$$

wenn G_e das Eigengewicht zuzüglich event. Schneelast bedeutet.

Ein frei hängender Draht bildet angenähert eine Parabel, und berechnet man die Pfeilhöhe h, Fig. 35, aus der Annäherungsformel:

$$h = \frac{G \cdot a^2}{8\,F} \text{ Meter}$$

worin F die zulässige Zugbeanspruchung des Querschnittes in kg und G die Belastung des Drahtes pro laufendes Meter bedeutet und aus a) zu bestimmen ist. Die Länge des Drahtes ist

$$l = a + \frac{8\,h^2}{3\,a}.$$

H wählt man, je nachdem die Leitung eine Haupt- oder Nebenlinie ist, zwischen 7 und 10 m.

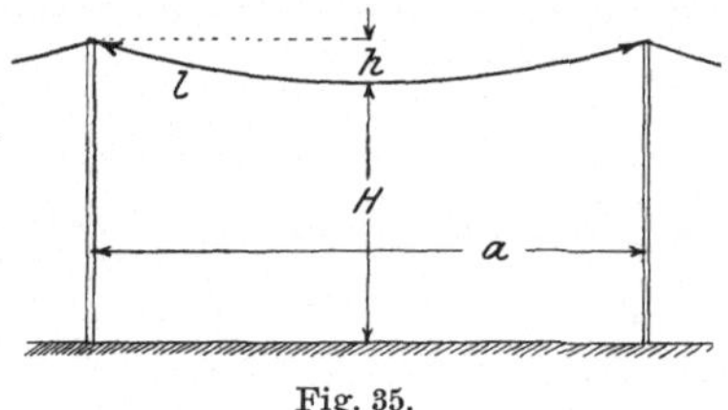

Fig. 35.

Das Spannen der Leitungsdrähte erfolgt mittels Flaschenzügen.

Auszug aus den „Sicherheitsvorschriften", § 23:

d) Der geringste zulässige Metallquerschnitt von Freileitungen aus hartgezogenem Kupfer oder anderem Material von mindestens gleich großer Zugfestigkeit ist 10 mm². Leitungen aus Material von geringerer Zugfestigkeit müssen einen entsprechend größeren Querschnitt haben.

e) Auf Zug beanspruchte Verbindungen zwischen Leitungen müssen so ausgeführt werden, daß die Verbindungsstelle mindestens die gleiche Zugfestigkeit besitzt wie die Leitung selbst.

k) Freileitungen sowie Apparate an Freileitungen sind so anzubringen, daß sie ohne besondere Hilfsmittel nicht zugänglich sind.

l) Freileitungen in Ortschaften müssen während des Betriebes streckenweise ausschaltbar sein.

m) Wenn eine Leitung über Ortschaften und bewohnte Grundstücke geführt wird, oder wenn sie sich einer Fahrstraße so weit nähert, daß die Vorüberkommenden durch Draht- oder Mastbrüche gefährdet werden können, müssen die Leitungsdrähte entweder so hoch angebracht werden, daß im Falle eines Drahtbruches die herabhängenden Enden mindestens 3 m vom Erdboden entfernt sind, oder es müssen Vorrichtungen angebracht werden, welche das Herabfallen der Leitungen verhindern, oder es müssen andere Vorrichtungen vorhanden sein, welche die herabgefallenen Teile selbst spannungslos machen.

Die Isolatoren werden aus Porzellan (seltener aus Glas) hergestellt.

Die Anforderungen, welche an einen guten Hochspannungsisolator gestellt werden müssen, sind:

1. Große Durchschlagsfestigkeit, was durch Anwendung vorzüglicher Rohmaterialien, sachgemäße Herstellung und richtige Wahl des Abstandes zwischen Leitung und Stütze erreicht werden kann.

2. Große Oberflächenisolation, welche durch Anordnung mehrerer geeignet geformter Mäntel zu erreichen ist, und

3. Große mechanische Festigkeit gegen Druck und Zug.

Einige charakteristische Isolatorenkonstruktionen zeigen die Figuren 36, 37 und 38.

Der Isolator Fig. 36 wurde speziell für die Niagara-Buffalo-Anlage konstruiert, bei welcher die Betriebsspannung 20 000 Volt beträgt, und hat sich sehr gut bewährt.

In sehr feuchtem Klima dagegen, wo die Isolation, selbst bei fast andauernder Feuchtigkeit, eine gute sein soll, ist die Form des Isolators Fig. 36 nicht ganz zweckentsprechend.

Eine theoretisch vorzügliche Konstruktion ist der bei der Lauffen-Frankfurter Anlage zur Verwendung gelangte Isolator Fig. 37. Die Glocke ist, wie aus der Figur ersichtlich, am unteren Ende nach innen und dann nach oben gebogen, so daß hierdurch ein Hohlraum entsteht, der mit Öl von hohem

Isolationsvermögen gefüllt werden kann. Die hierdurch gebildete Ölisolation ist, so lange das Öl rein ist, ein vorzüglicher Schutz gegen Stromübergang von der Leitung nach der Stütze.

Als Nachteil dieses Isolators muß dagegen angeführt werden, daß das Öl sich schnell durch Aufnahme von Staub aus der Luft in eine schmutzige Masse verwandelt, und dann seine isolierende Wirkung verliert.

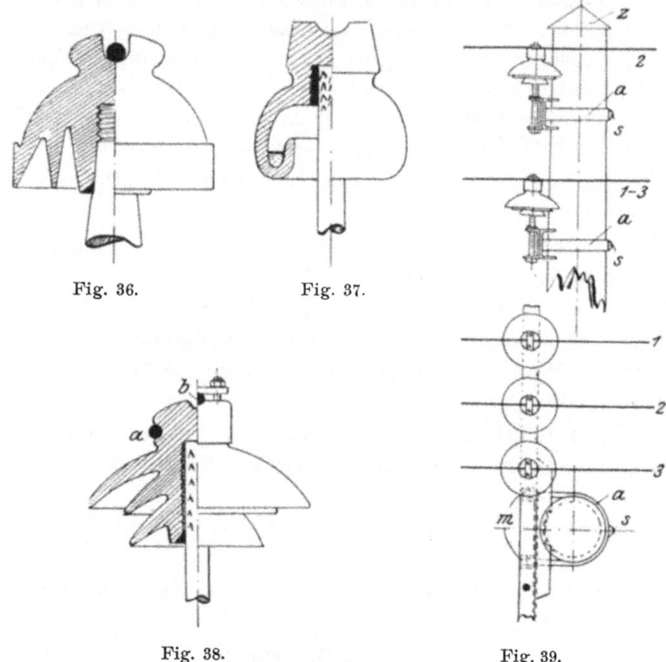

Fig. 36.   Fig. 37.

Fig. 38.   Fig. 39.

Dies ist wohl der Grund, warum der Ölisolator in der Praxis so wenig Verwendung gefunden hat.

Eine, die beiden vorher beschriebenen Isolatoren weit überragende Konstruktion ist in Fig. 38 wiedergegeben. Diese sogenannte Delta-Glocke, welche von der „Porzellanfabrik Hermsdorf-Klosterlausnitz S.-A." hergestellt wird, hat im Vergleich mit den Formen Fig. 36 u. a. den Vorteil, daß sich die Mäntel sowohl gegen direkten Regen als auch gegen Spritzwasser von unten gegenseitig schützen.

Die eisernen Stützen werden mittels Zement oder Mennige am Isolator befestigt. Die Isolatoren werden bei höheren Spannungen auf Eisenkonstruktionen montiert, welche auf dem Mast angebracht sind. Eine solche Konstruktion zeigt die Fig. 39, welche für zwei Drehstromleitungen bestimmt ist.

Die ⊏-Balken sind mittels Bügeln a am Mast verankert. Das dem Mast nächstliegende ⊏-Eisen ist mit Zacken versehen, um ein Drehen des Trägers zu verhindern. Außerdem ist noch eine Schraube S zu demselben Zweck durch den Bügel in den Mast eingeschraubt. Um ein Nachspannen des Bügels vornehmen zu können, ist derselbe mittels durchgehender Bolzen und Muttern m mit den Isolatorträgern verbunden. Der auf dem Mastenzopf angebrachte konische Zinkhut z soll den Mast gegen das Eindringen von Regenwasser schützen.

Den gegenseitigen Abstand zwischen den Drähten kann man approximativ aus der Gleichung

$$a = 38 \sqrt[4]{\frac{E}{1000}}$$

berechnen. In dieser Gleichung ist E die höchste zwischen zwei Leitungen vorkommende Spannung in Volt.

Diese Gleichung ist jedoch nur eine Annäherungsformel, und können die mit derselben erhaltenen Werte der Abstände geändert werden, wenn die Berechnung der Spannungsverhältnisse der Leitung eine solche Änderung als wünschenswert erscheinen läßt.

3. Die Einführung der Leitungen in Gebäuden.

§ 24 der Sicherheitsvorschriften besagt:

Bei Einführung von Freileitungen in Gebäude sind entweder die Drähte frei und straff durchzuspannen, oder es muß für jede Leitung ein isolierendes und feuersicheres Einführungsrohr verwendet werden, dessen Gestaltung keine merkliche Oberflächenleitung zuläßt.

Außerdem ist natürlich darauf zu achten, daß die Einführung so angeordnet wird, daß ein Eindringen von Regen- oder Spritzwasser durch die Öffnungen für die Leitungen ausgeschlossen ist.

Die Figuren 40 und 41 zeigen zwei Arten von Wanddurchführungen, und zwar kommt die erstere für niedrigere Spannungen, bis etwa 8000 Volt, die letztere für Spannungen bis 40000 Volt und unter Umständen für noch höhere Spannungen zur Verwendung.

In Fig. 40 wird die Leitung durch ein schräg in die Wand eingemauertes Porzellanrohr eingeführt. Die Neigung des Einführungsrohres kann zu etwa 15° gegen die Horizontalebene angenommen werden.

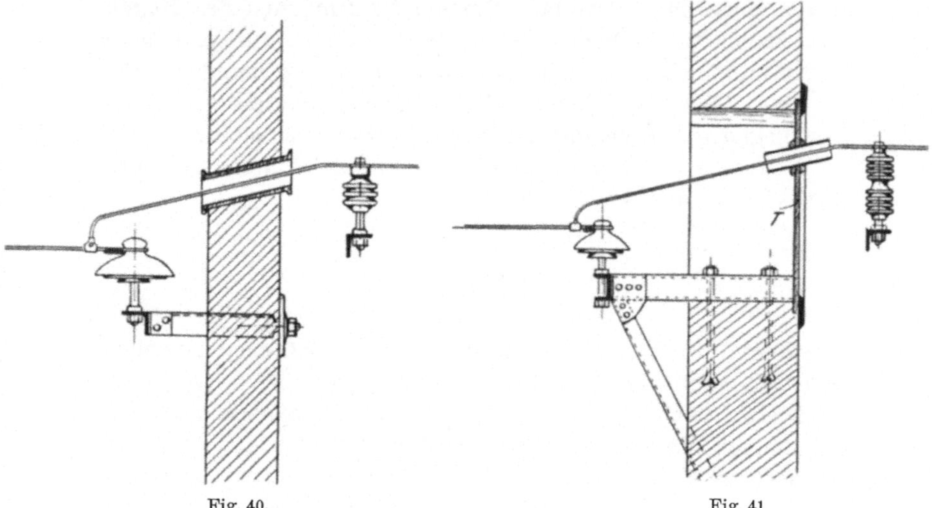

Fig. 40.   Fig. 41.

Bei höheren Spannungen dagegen ist es vorzuziehen eine größere Öffnung in der Wand zu lassen, in welcher eine Marmortafel T Fig. 41 anzubringen ist. Für jede Leitung ist in der Tafel ein Durchführungsrohr aus Glas von 60—80 mm l. D. angeordnet.

Diese Anordnung hat gegenüber der in Fig. 40 dargestellten den Vorteil, daß die Einführung besser gegen Regen geschützt ist und somit eine größere Oberflächenisolation besitzt als die erstere.

4. Sicherungen.

Die Hochspannungssicherungen werden im allgemeinen als sogenannte Röhrensicherungen ausgeführt. Der Schmelzstreifen wird in eine Röhre aus Glas oder Porzellan eingeschlossen und die beiden Enden desselben mittels Metallbügeln und Kontaktmessern mit der Leitung verbunden.

Die beim Durchbrennen des Schmelzstreifens entstehenden Verbrennungsgase dringen mit großer Heftigkeit aus den Enden des Schutzrohres heraus und löschen den Lichtbogen sofort nach dem Entstehen aus.

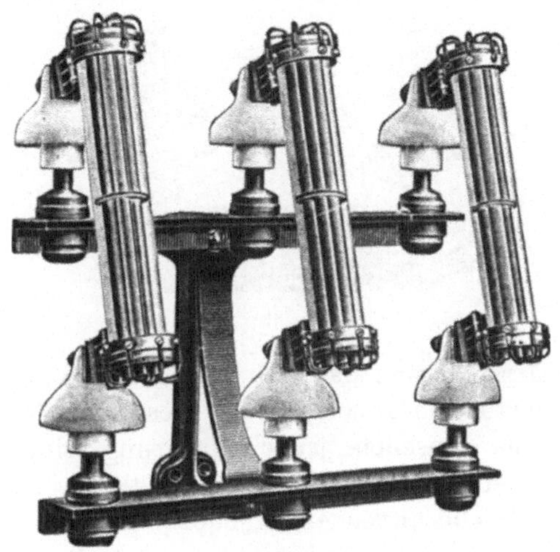

Fig. 42.

Fig. 42 zeigt eine dreipolige Sicherung der Siemens-Schuckertwerke G. m. b. H. für 10 000 Volt. Die Schmelzstreifen sind in Glasröhren eingeschlossen. Um eine gleichmäßige Ventilation zu erzielen, dürfen diese Sicherungen nie horizontal aufgestellt werden; am vorteilhaftesten ist eine Neigung der Röhre um etwa 15° gegen die Vertikale. Die zu den Sicherungen gehörenden Konsole sind so eingerichtet, daß sich für die Röhre diese Neigung ergibt, wenn das Konsol vertikal befestigt wird.

Die Fig. 43 und 44 zeigen zwei Apparate, bei denen die Schmelzstreifen in Porzellanröhren untergebracht sind. Fig. 43 ist für eine Betriebsspannung von 5000 Volt konstruiert und kann mit Schmelzstreifen für 2—400 Amp. Betriebsstromstärke versehen werden. Fig. 44 ist für 20 000 Volt und 2—100 Amp. bestimmt.

Bei der Montage der Röhrensicherungen muß man darauf achten, daß in der Richtung der austretenden Verbrennungsgase keine blanken, stromführenden Teile liegen.

Die Anordnung der Sicherungen untereinander ist so zu wählen, daß das Durchbrennen der Sicherungen keinen Kurz- oder Erdschluß zwischen benachbarten Leitern untereinander oder mit leitenden Gebäudeteilen veranlassen kann.

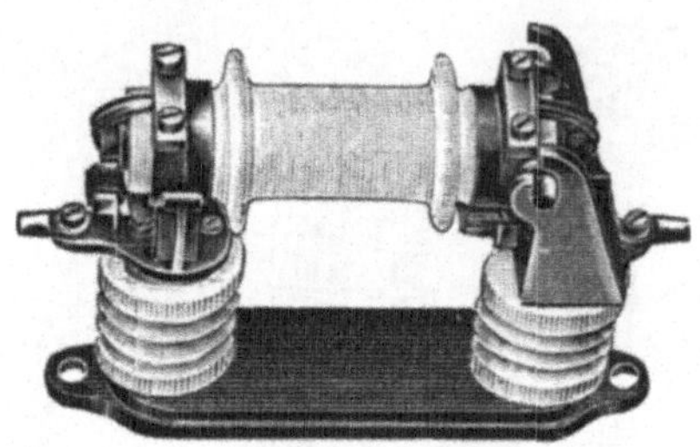

Fig. 43.

Dies wird am besten dadurch erreicht, daß man die Sicherungen in gemauerten Nischen oder besser in Marmorkästen unterbringt und zwischen jeder Sicherung eine Wand aus Marmor anordnet, wie aus Fig. 45 ersichtlich. Hier sind die drei einpoligen Sicherungen eines jeden der 6 Transformatoren

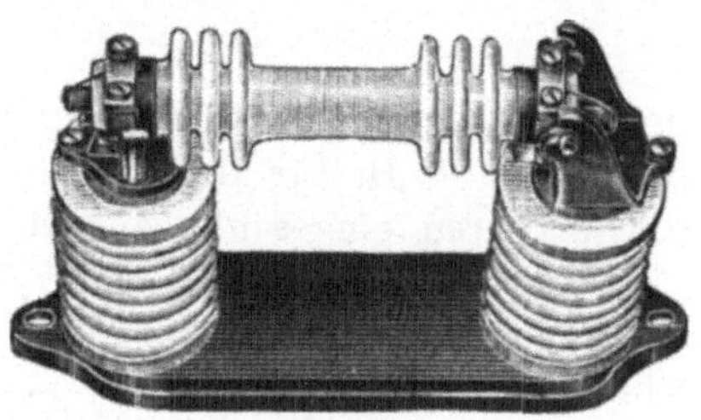

Fig. 44.

in dreiteiligen Marmorkästen untergebracht. Montiert man die Sicherungen freistehend nebeneinander wie in Fig. 42 angedeutet, so dürfen folgende Minimalabstände zwischen je zwei Sicherungen nicht unterschritten werden:

Für Spannungen bis 6000 Volt: Geringster Abstand 200 mm
 -          -   - 15000   -   -   -   250 -
 -          -   über 15000   -   -   -   300 -

Die im vorhergehenden besprochenen Sicherungen sind
ausschließlich zur Verwendung in bedeckten Räumen wie
Maschinen-, Transformatoren- und Schalthäusern bestimmt.

Fig. 45.

Es kommt aber häufig vor, daß man gezwungen ist,
Sicherungen im Freien anzubringen, z. B. zwecks Sicherung

einer Abzweigfreileitung, welche einen geringeren Leitungsquerschnitt besitzt als die Hauptleitung.

In diesem Falle wendet man sogenannte Freileitungs-
sicherungen an. Eine solche Sicherung für 10000 Volt und
75 Amp. ist in Fig. 46 wiedergegeben (Siemens-Schuckert-Werke).

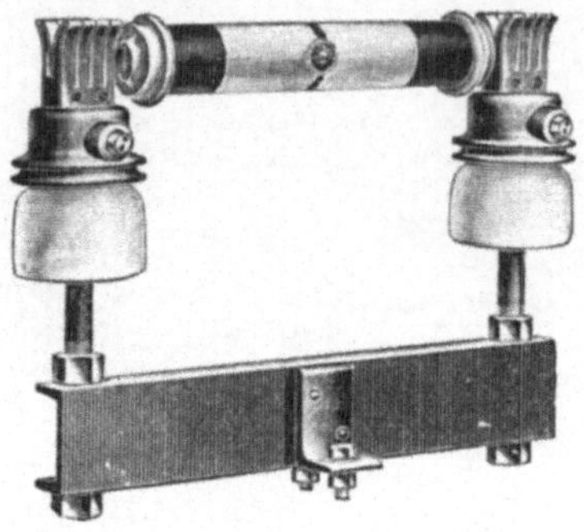

Fig. 46.

Sie ist so konstruiert, daß die Leitungen direkt an den
Isolatoren abgespannt werden können. Die Schmelzstreifen
sind in federnde Kontakte eingesetzt und können während
des Betriebes mittelst einer Isolierzange ausgewechselt werden.
Über die Anbringung der Sicherungen siehe § 32 der Vorschriften für Hochspannungsanlagen.

5. Aus- und Umschalter.

Die für eine Hochspannungsanlage in Betracht kommenden
Schalter können wir in zwei Gruppen teilen, nämlich:

      1. Schalter, welche unter voller elektrischer Bean-
         spruchung ausgeschaltet werden können, und
      2. Schalter, welche nur unter Spannung aus- oder ein-
         geschaltet werden sollen.

Zu der ersten Kategorie gehören alle Maschinen- und
Transformatorenschalter sowie die meisten Schalter für Ab-
zweigleitungen.

Zu der letzten Kategorie gehören die meisten Verbindungs-
schalter der Sammelschienen, Umschalter, Erdleitungsschalter
u. s. w.

Beim Ausschalten eines belasteten Stromkreises entsteht ein „Öffnungsfunken“, dessen Intensität von der „Selbstinduktion“ des geöffneten Stromkreises, der Höhe der Betriebsspannung und der Größe des Laststromes abhängig ist. Für die Kraftübertragungsanlagen, wo ausschließlich hohe Spannungen und, bei größeren Leistungen, ganz beträchtliche Stromstärken in Betracht kommen, müssen die Ausschalter mit speziellen Vorrichtungen versehen sein, welche den hier als großen Lichtbogen zutage kommenden „Öffnungsfunken“ in kurzer Zeit auslöschen.

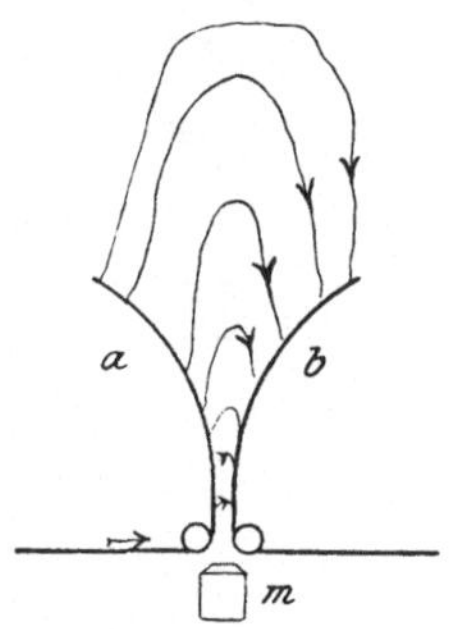

Fig. 47.

In dem Bestreben, einen brauchbaren Hochspannungsausschalter zu konstruieren, ist man schließlich bei zwei Grundtypen stehen geblieben, welche dem Prinzip nach sehr voneinander abweichen, nämlich:

1. Die Hörnerausschalter.
2. Die Ölausschalter.

Bei der Konstruktion der Hörnerausschalter ist man von der bekannten elektrodynamischen Wirkung des Stromes auf einen von demselben zwischen zwei hörnerartigen Leitern gebildeten Lichtbogen ausgegangen. Entsteht zwischen den beiden Hörnern a und b (Fig. 47) durch Ausrücken des Schaltmessers m ein Lichtbogen, so übt der feste Teil der Strombahn auf den beweglichen Teil oder den Lichtbogen ein Drehmoment aus, das beide Teile einander parallel zu stellen sucht.

Denkt man sich einen beliebigen Punkt an a als Drehpunkt für das Moment, welches auf den Lichtbogen ausgeübt wird, so muß der entsprechende Punkt an b in die Höhe rücken. Der Auftrieb des Lichtbogens wird durch die Einwirkung der aufsteigenden warmen Luft wirksam unterstützt.

Um die Wirkung noch weiter zu erhöhen, versieht man die Hörner mit einer Eisenarmierung (System Klein), welche das Kraftfeld verstärkt, wodurch der Lichtbogen schneller ausgeblasen wird. Ein Hörnerschalter, System Bertram, ausgeführt

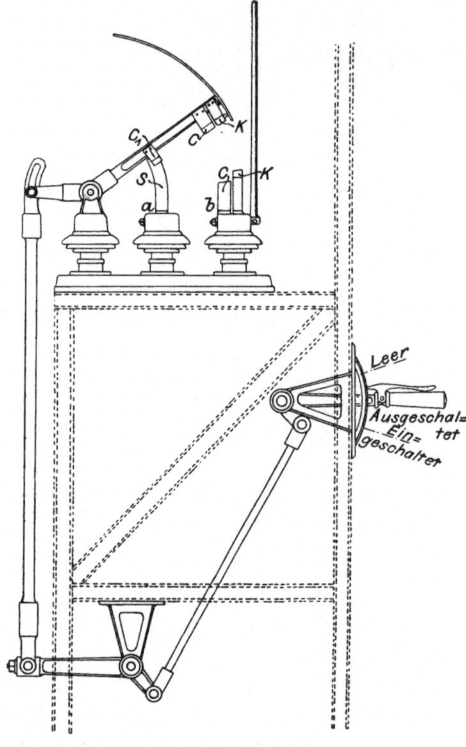

Fig. 48.

von Voigt & Haeffner, ist in Fig. 48 wiedergegeben. Durch den an der Vorderseite der Schalttafel befindlichen Hebel wird der Schalter mittelst zweier Stangen und eines Winkelhebels als Zwischenglied betätigt.

Der Hebel kann in drei Stellungen festgehalten werden, nämlich bei „Leer", „Aus-" und „Eingeschaltet". Gezeichnet ist die Stellung „Ausgeschaltet". Die zu unterbrechende Leitung ist bei a und b angeschlossen. Der Schleifkontakt C_1 geht beim Ausschalten nicht von der Schiene S herunter, damit der beim Ausschalten durch Öffnen der Schleifkontakte C und Kohlenkontakte K zwischen der geraden und der kreisförmig gebogenen Stange übergehende Lichtbogen allmählich verlöschen und so als „Auslaufswiderstand" für den Generator dienen kann. Um den Schalter stromlos zu machen, setzt man den Handhebel in die Stellung „Leer", in welcher Stellung der Schleifkontakt C_1 von der Schiene S entfernt ist.

Die Größe des sich beim Ausschalten eines Hörnerschalters bildenden Lichtbogens ist, wie früher angegeben, von der Selbstinduktion, der Höhe der Betriebsspannung und der Größe des abzuschaltenden Belastungsstromes abhängig. Beim Abschalten größerer Energiemengen kann der Lichtbogen eine Höhe von 3—4 m erreichen, was bei der Installation der Hörnerschalter zu berücksichtigen ist.

Diesen Übelstand besitzen die Ölausschalter nicht, weshalb man ihnen bei Anlagen, wo der Platz für den Schaltraum beschränkt ist, den Vorzug gibt.

Die Eigentümlichkeit der Ölschalter besteht darin, daß der Lichtbogen unter Öl gebildet und schon bei sehr geringer Länge unterdrückt wird, da die Isolationsfähigkeit des Öles bedeutend größer ist als die der Luft.

Bei der Konstruktion der Ölschalter muß man darauf Rücksicht nehmen, daß die Kontakte zwecks Revision oder Auswechselung leicht zugänglich sind.

Dies ist bei dem in Fig. 49 wiedergegebenen Ölschalter der Siemens-Schuckertwerke dadurch erreicht, daß sowohl die festen Kontakte als auch die Schaltwelle mit den beweglichen Kontakten an dem abnehmbaren Deckel angebracht sind, während der untere Teil des Schalters lediglich als Ölbehälter dient.

Die Ölschalter werden sowohl zur Bedienung mit Handkurbel als auch für indirekte Betätigung durch Gestänge oder Seil mit Kurbel oder Seilscheibe eingerichtet.

Die Umschalter werden, je nachdem sie unter Belastung oder nur unter Spannung betätigt werden sollen, als Ölschalter oder einfache Hebelschalter ausgeführt.

Fig. 50 zeigt einen dreipoligen Ölumschalter für 2000 Volt und 200 Amp.

Fig. 49.

Als Beispiel für die Anwendung eines einfachen Hebel-
umschalters mag folgendes dienen: Von einer Zentrale werden
sowohl die Karbidöfen einer Fabrik als auch eine Fernleitung
mit Strom gespeist. Die Generatoren sind in zwei Gruppen

Fig. 50.

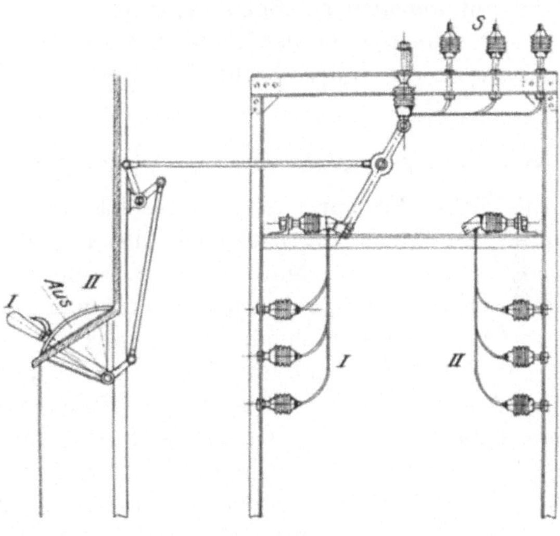

Fig. 51.

geteilt, von denen die eine auf die Öfen, die andere auf die
Fernleitung arbeitet. Um eine gegenseitige Reserve der beiden
Maschinensätze zu haben, soll die Schaltung der Generatoren
so ausgsführt werden, daß ein jeder derselben an die Schienen

der Öfen oder an die der Fernleitung angeschlossen werden kann. Ein für diesen Zweck dienender Umschalter kann als einfacher Hebelschalter ausgeführt werden, da er nur selten betätigt wird und dann stromlos gemacht werden kann, ohne den Betrieb zu stören.

In Fig. 51 ist ein Schalter für diesen Zweck wiedergegeben. S sind die drei Klemmen des Generators, I die Schienen der Öfen und II die der Fernleitung. Die Betätigung des Umschalters erfolgt mittelst Hebels und Gestängeübertragung. Außer den hier behandelten zwei Gruppen von Hochspannungsausschaltern gibt es noch eine größere Anzahl von Spezialkonstruktionen, die auf anderen Prinzipien beruhen und mehr oder weniger ihren Zweck erfüllen.

Um die Bedienung größerer Ausschalter zu erleichtern, werden dieselben, besonders in Amerika, häufig indirekt mittelst Magneten, Motoren, Druckluft u. s. w. betätigt. Diese Anordnung, welche die Anlage verteuert, ist als ein Luxus zu bezeichnen, da gut konstruierte Schalter, selbst für sehr große Einheiten, nicht schwerer zu bedienen sind als größere mechanische Schaltwerke für andere technische Zwecke.

6. Schutzanordnungen gegen atmosphärische Entladungen.

Über die Größe der durch eine atmosphärische Entladung freiwerdenden Energiemenge herrschen im allgemeinen sehr übertriebene Vorstellungen. Man hat nämlich die Beobachtung gemacht, daß ein Blitz zwischen zwei Wolken mehrere hundert Meter überbrückt, und berechnet, indem man von der Spannung eines Induktoriums mit etwa 200 mm Funkenstrecke ausgeht, eine Blitzspannung von mehreren Millionen Volt, was natürlich als eine Fabel anzusehen ist. Zunächst muß nämlich das Wolkenpotential per Längeneinheit bedeutend kleiner sein als das zwischen zwei Konduktoren in einem Laboratorium, da das zwischen den geladenen Wolken befindliche Medium aus feuchter Luft besteht. Ein weiterer Grund hierfür ist in der enormen ionisierenden Wirkung zu suchen, welche durch die sogenannte dunkle Entladung entsteht, die immer dem eigentlichen Blitze vorausgeht. Eine bessere, aber immerhin sehr approximative Methode zur Beurteilung der Blitzenergie beruht auf dem Lichteffekt desselben. Nehmen wir nämlich die Lichtwirkung, welche durch 1 Watt auf 1 m² Bodenfläche erreicht wird, als Einheit an, und zeigt es sich, daß ein Blitz in der Nacht 1 Quadratmeile in ungefähr gleicher Stärke beleuchtet, so beträgt die Energie des Blitzes, wenn das Licht etwa $\frac{1}{10}$ Sek. dauerte, 10000 KW.-Sek. oder ca. 3 PS.-Stunden. Die in dieser Weise berechnete Energiemenge kann sehr gut im Bruchteil einer Sekunde einen Kupferstab von ganz grobem Querschnitt zum Schmelzen bringen, wenn nur die Stromstärke genügend hoch transformiert wird.

Die Wirkung, welche die atmosphärische Elektrizität auf eine Fernleitung ausüben kann, ist je nach der Form der Entladung verschieden, und wollen wir deshalb folgende drei Entladungsformen unterscheiden.

1. Eine Wolke wird plötzlich durch einen Blitz entladen,
2. Die Influenz einer geladenen Wolke macht sich bei den Blitzableitern dadurch bemerkbar, daß die gebundene Elektrizität beim Freiwerden in Form von Funkenentladungen zur Erde geführt wird, und
3. Der Potentialausgleich zwischen Wolke und Erde erfolgt durch die sogenannte dunkle Entladung.

Von diesen drei Entladungsformen kommt die erstere für uns nicht in Betracht, insofern es sich um den Blitzstrahl selbst handelt.

Direkte Blitzschläge in Fernleitungen gehören glücklicherweise zu den größten Seltenheiten, und ist es unmöglich, sie durch irgend eine Form von Blitzschutzvorrichtungen derart zur Erde abzuleiten, daß die Anlage in keiner Weise Schaden nimmt. Ein direkter Blitzschlag zerstört in den meisten Fällen die zunächst liegenden Isolatoren und sucht über den Mast seinen Weg zur Erde, indem er nicht selten den Mast zersplittert.

Wird dagegen die Leitung von einer vom Hauptblitzstrahl ausgehenden sogenannten Seitenentladung getroffen, so geht die Ladung auf die Leitung über und sucht sich einen Weg über die Blitzschutzvorrichtung oder, wenn keine vorhanden ist, einen andern möglichst induktionsfreien Weg zur Erde.

Da die Seitenentladungen sich bis zu einem Radius von 20 m um den Hauptstrahl herum erstrecken und somit einen ziemlich großen Raum einnehmen, so kommt es nicht selten vor, daß eine Leitung von denselben getroffen wird.

Eine etwas häufiger auftretende Entladungsform ist die Funkenentladung.

Diese entsteht dadurch, daß sich größere Elektrizitätsmengen an einer Leitung, durch die Influenzwirkung einer geladenen Wolke, ansammeln und in gebundenem Zustande gehalten werden. Durch die Entladung der Wolke werden diese Elektrizitätsmengen teilweise oder ganz frei, verteilen sich über die ganze Leitung und suchen den bequemsten Weg herunter zur Erde. Diese Entladung geschieht in Form von kleinen Funken.

Weiter können die Funkenentladungen dadurch entstehen, daß Staubteilchen, Wassertropfen oder im Winter trockene Schneeflocken ihre elektrische Ladung an die Drähte abgeben.

Die dunklen Entladungen sind nur gefährlich, wenn sie eine längere Zeit wirken können, was äußerst selten zutrifft, da die Dauer der atmosphärischen Ladung sich nicht über längere Zeiträume erstreckt.

Aus dem Vorhergehenden ist ersichtlich, daß man sich hauptsächlich gegen zwei Entladungsformen zu schützen hat, nämlich gegen die Blitzschläge der Seitenstrahlen und gegen die Funkenentladungen.

Erstere können, speziell bei dem Hörnerblitzableiter, als sehr heftige, explosionsähnliche Entladungen, letztere nur als rascher oder langsamer aufeinander folgende, meist kleine Funkenentladungen vorkommen.

Was die Blitzableiter selbst anbetrifft, so gilt als allgemeine Regel, daß sie so konstruiert und angebracht werden sollen, daß sie dem Blitz einen von Selbstinduktion möglichst freien Weg von der Leitung über eine Unterbrechungsstelle (Luftspalt oder Funkenstrecke) zur Erde anweisen, und daß die Verbindung zwischen Leitung und Erde unmittelbar nach einer Funktion des Apparates selbsttätig wieder unterbrochen wird, damit der Apparat zu einer neuen Funktion bereit ist.

Da die Entladungen oszillatorischer Natur sind, so suchen sie alle [mit Induktion behafteten Teile der Anlage wie Maschinen, Transformatoren etc. zu umgehen und ziehen deshalb den praktisch induktionsfreien Weg über die Funkenstrecke zur Erde vor. Die Praxis hat jedoch gezeigt, daß nur die mittleren Teile einer Wickelung geschützt sind, während die den Klemmen am nächsten liegenden Wickelungsteile leicht von der Entladung zerstört werden. Dieser Übelstand kann zum größten Teil beseitigt werden, wenn man vor den zu schützenden Apparat eine kleine Selbstinduktion L schaltet, da diese, wegen der sehr hohen Frequenz der Entladung, einen beträchtlichen induktiven Widerstand darstellt.

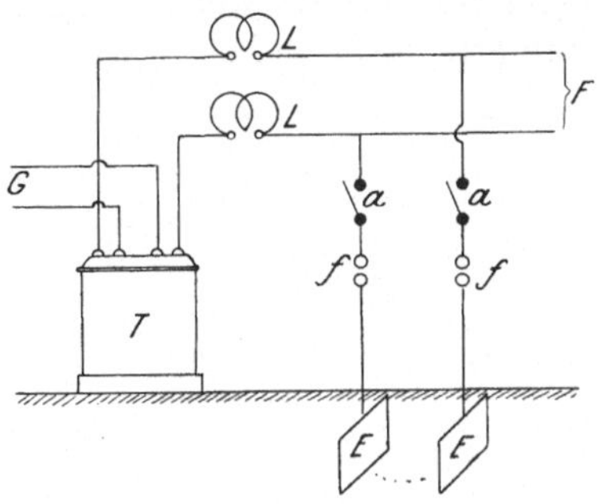

Fig. 52.

Diese „Selbstinduktion" oder besser Induktionsspirale L (Fig. 52) wird am einfachsten dadurch gebildet, daß man die Leitung in der Nähe des zu schützenden Apparates (in Fig. 52 ein Transformator T) zu einer Spirale von etwa acht bis zwölf Windungen mit einem Durchmesser von etwa 100 mm und einem Abstand von etwa 10 mm aufwickelt.

In den Verbindungsleitungen, die zwischen Leitung F und Blitzableiter f und von diesem zu den Erdplatten E führen, vermeide man alle Schleifen und starken Krümmungen, damit hier möglichst wenig Induktion auftritt. Zwischen Leitung und Blitzableiter schaltet man am besten einen einfachen Schalter a, um ohne Gefahr am Blitzableiter arbeiten zu können. Als Erdplatte ist eine gut verzinkte Eisenplatte von etwa 1,5 m² einseitiger Fläche zu nehmen und, wenn irgend möglich, in das Grundwasser zu legen.

Getrennte Erdplatten sind einer gemeinsamen vorzuziehen, da im ersten Falle die durch eine gemeinsame Entladung beider Leitungsdrähte unvermeidlichen Kurzschlüsse des Transformators T und Generators G durch die Blitzableiter bei weitem nicht so heftig auftreten können wie bei einer gemeinsamen Erdplatte.

Ist das Erdreich, in das die Erdplatten zu liegen kommen, sehr feucht, so genügen nicht mehr zwei Erdplatten, um einen heftigen Kurzschluß zu verhindern, sondern man muß in solchen Fällen einen besonderen Widerstand R in die Erdleitung einbauen, wie es in Fig. 53 schematisch dargestellt ist. Die Erdleitungswiderstände R werden entweder als Graphit- oder als sog. Wasserwiderstände ausgeführt. In diesem Falle kann die eine Erdplatte fortgelassen werden.

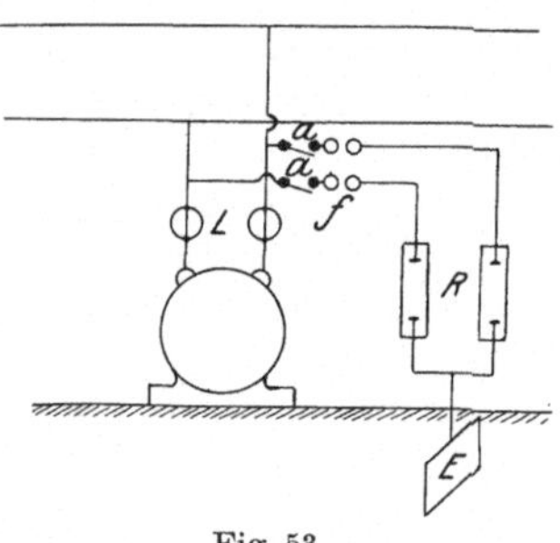

Fig. 53.

Was die konstruktive Durchbildung der Blitzableiter betrifft, so gibt es eine große Anzahl, die nach verschiedenen Prinzipien gebaut sind und ihre Aufgabe mehr oder weniger zufriedenstellend erfüllen.

Wir wollen hier nur zwei Systeme kurz besprechen, die sowohl in Amerika als auch auf dem Kontinent wohl die größte Verbreitung gefunden haben, nämlich

     1. die Rollenblitzableiter (nur für Wechselstrom verwendbar),

     2. die Hörnerblitzableiter.

Die Konstruktion der Rollenblitzableiter beruht auf der Beobachtung, daß die Fähigkeit zweier aus gleichem Material bestehender Leiter, einen Lichtbogen zu erhalten, je nach der Wahl des Materials verschieden ist, und daß es bestimmte

Metallegierungen gibt, welche diese Fähigkeit in besonders geringem Maße besitzen. Zwei oder mehrere aus einem solchen Material hergestellte Rollen sind imstande, den Lichtbogen zu unterdrücken, selbst bei geringer gegenseitiger Entfernung und mehreren hundert Volt Potentialdifferenz pro Millimeter Funkenstrecke, teils durch die Unterteilung und Abkühlung des Lichtbogens, teils durch die Unfähigkeit des Materials, eine glühende Verbindungsbrücke zu unterhalten.

Die Rollen, welche meistens einen Durchmesser von 50 mm und eine Höhe von ebenfalls 50 mm erhalten, werden auf kleinen Marmortafeln im Zickzack in einem gegenseitigen Abstand von 1—1,5 mm montiert.

Nachstehende zwei Tabellen, welche der General Electric Co. und der Westinghouse-Elektrizitäts-A.-G. entstammen, geben einige Anhaltspunkte für die Wahl der Gesamtlänge der Funkenstrecke eines Poles bei verschiedenen Betriebsspannungen.

Betriebs-spannung in Volt	General Electric Co.		Westinghouse-E.-A.-G.	
	Funkenstrecke eines Poles in mm	Auf einen Luftzwischenraum von 1,5 mm entfallende Betriebsspannung in Volt	Funkenstrecke eines Poles in mm	Auf einen Luftzwischenraum von 1 mm entfallende Betriebsspannung in Volt
1 000	1,5	500	—	—
1 200	—	—	3	200
2 000	3	500	—	—
2 400	—	—	6	200
3 000	6	375	9	170
5 000	12	310	15	170
7 500	18	310	—	—
8 000	—	—	24	170
10 000	24	310	30	170
15 000	36	310	42	180

Hieraus geht hervor, daß die Funkenstrecke, besonders für Spannungen über 7500 Volt, sehr groß wird, was natürlich eine Verminderung der Empfindlichkeit zur Folge hat.

Die Rollenblitzableiter eignen sich vorzüglich für lange Linien und funktionieren anstandslos bei kleinen und mittelgroßen Entladungen. Bei sehr heftigen Entladungen kommt es aber vor, daß die Rollen vom Blitz zusammengeschmolzen werden, was den Apparat für die Ableitung der nächsten Entladung untauglich macht. Es ist deshalb, besonders in gewitterreichen Gegenden, zu empfehlen, Reserveableiter anzuordnen, die beim Defektwerden des angeschlossenen Blitzableiters mit der Leitung verbunden werden können.

Die Hörnerblitzableiter, deren Funktion auf der schon unter den Ausschaltern kurz besprochenen Eigenwirkung des Lichtbogens beruht, haben den Rollenblitzableitern gegenüber den Vorteil einer größeren Empfindlichkeit.

Es haben sich nämlich bei diesen Apparaten folgende Funkenstrecken als Durchschnittszahlen bewährt, und zwar unter der Voraussetzung, daß die Apparate unter Dach aufgestellt sind:

Für Betriebsspannungen bis	1 000 Volt:	2 mm
-	-	- 3 000	- 3 -
-	-	- 6 000	- 6 -
-	-	- 10 000	- 10 -
-	-	- 20 000	- 17 -

Als Nachteil der Hörnerableiter kann angeführt werden, daß die gesamte Funkenstrecke meist auf einer Stelle vereinigt ist und dadurch leicht durch Insekten oder durch Ansammelung von Staub etc. überbrückt werden kann, wodurch der Apparat an Zuverlässigkeit einbüßt. Um die Eigenwirkung des Lichtbogens zu erhöhen, bringt man an den Hörnern Eisenarmierungen an, die den Zweck haben das Feld zu verstärken, und dadurch den Lichtbogen schneller zum Verlöschen zu bringen.

Eine ähnlich wirkende Anordnung ist von Herrn Ober-Ingenieur Dr. Gustav Benischke angegeben und von der Allgemeinen Elektrizitätsgesellschaft ausgeführt.

In Fig. 54 ist diese Anordnung schematisch wiedergegeben. Unter den Hörnern befindet sich ein Elektromagnet m, der so an die Leitung angeschlossen wird, daß er erregt ist, wenn die Leitung Strom führt. Die Funkenstrecke wird hier von zwei in der Mitte horizontalen und gegen das Ende aufwärts ge-

bogenen Messingbügeln a a_1 und b b_1 gebildet. Sobald einer
Entladung zwischen den Hörnern ein Lichtbogen nachfolgt,
wird er senkrecht zur Richtung der Kraftlinien des Feldes Φ,
also seitwärts fortgetrieben. Kommt der Lichtbogen aus dem
Bereich des magnetischen Feldes, so hat sich die Stromschleife
so ausgebildet, daß ihm die elektrodynamische und die Wärme-
wirkung zerreißt.

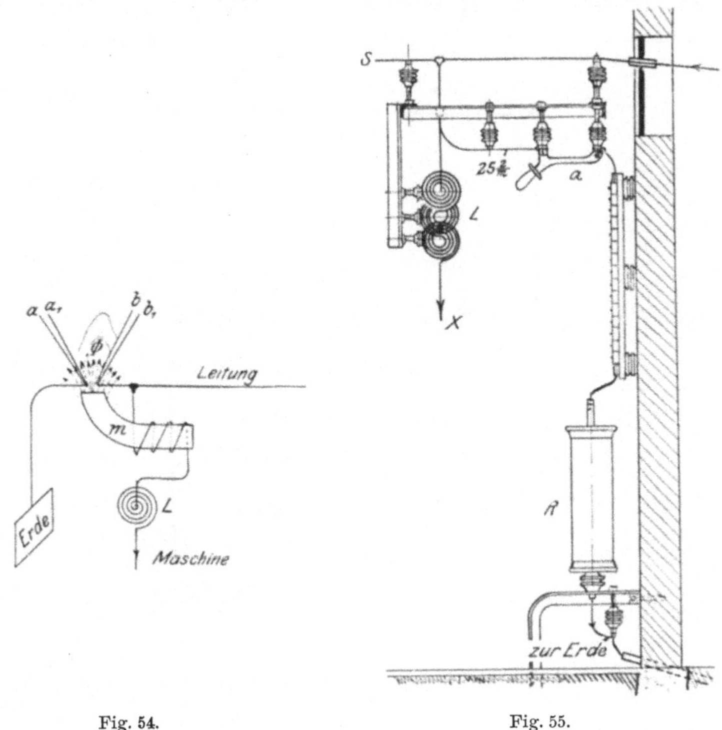

Fig. 54.   Fig. 55.

Ein Vorteil dieser Anordnung ist, daß die Wicklung des
Magneten gleichzeitig als Induktionsspirale wirkt. Jedoch
schaltet man vorsichtshalber noch eine solche (L Fig. 54) vor
der Maschine in die Leitung ein.

Die Anordnung der Blitzschutzvorrichtungen für eine klei-
nere Transformatorenstation ist in Fig. 55 dargestellt. Von
den Schienen s zweigen die Leitungen nach dem Trans-

formator ab und teilen sich, indem die Hauptleitungen mit den Induktionsspiralen L verbunden und von diesen direkt nach den Klemmen x des Transformators geführt werden. Die Blitzableiterleitung, welche aus Kupferdraht von 25 mm² hergestellt werden soll, zweigt vor den Induktionsspiralen, welche, um ihre Wirksamkeit zu erhöhen, aus Eisen hergestellt sind, ab und wird über den Ausschalter a, die Rollenblitzableiter und den Wasserwiderstand R mit der Erdplatte verbunden.

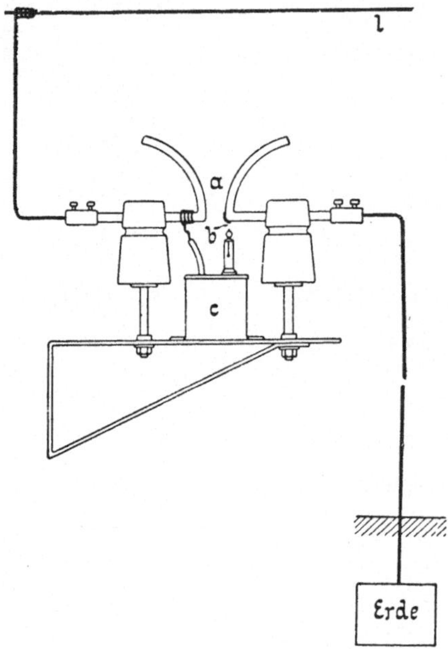

Fig. 56.

Um die Hochspannungskabel gegen atmosphärische Entladungen zu schützen, muß man besonders empfindliche Blitzschutzvorrichtungen anbringen, da das Kabel sonst leicht durchschlagen wird. Für diesen Zweck sind die vorher besprochenen Apparate weniger geeignet, da sie nicht die erforderliche Empfindlichkeit besitzen.

Stellt man nämlich die Funkenstrecke eines Rollenblitz-ableiters für 5000 Volt auf 15 mm ein, so reagiert der Apparat erst bei 20 000 bis 30 000 Volt, während er, wenn er ein Schutz für das Kabel sein sollte, schon bei 7500 bis 9000 Volt ab-leiten müßte.

Als eine gute Lösung der Aufgabe, einen empfindlichen Blitzableiter für Kabel herzustellen, kann die Anordnung der Land- und Seekabelwerke, Köln-Nippes, angeführt werden.

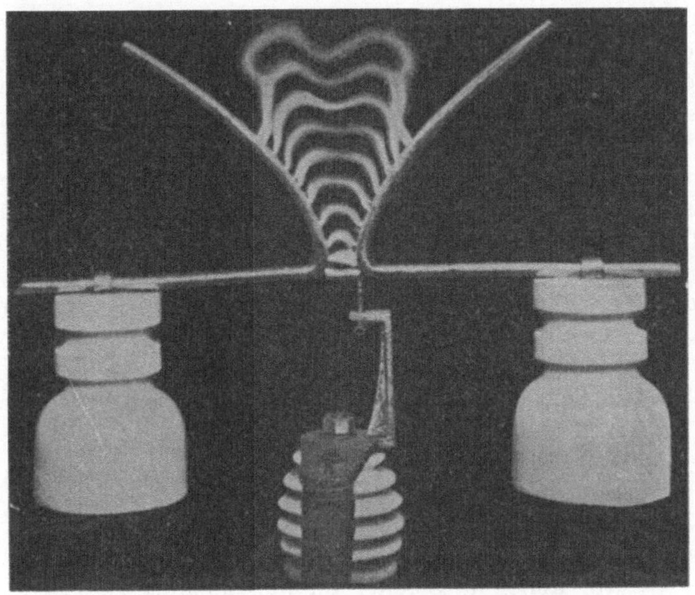

Fig. 57.

Die Eigentümlichkeit dieses Blitzableiters besteht darin, daß parallel zu der Funkenstrecke eines gewöhnlichen Hörner-ableiters a (Fig. 56), eine Hilfsfunkenstrecke b in Serie mit einem großen Widerstande c (ca. 10 000 Ω pro 1000 Volt) ge-schaltet ist. Beim Auftreten irgend einer Art von Über-spannung tritt die kleine Funkenstrecke sofort in Tätigkeit, und macht dann durch elektrische Strahlung den Luftspalt des Hörnerableiters a leitend, wodurch letzterer in Funktion treten wird.

Nach diesem Prinzip sind Blitzableiter hergestellt worden, welche beispielsweise für 6000 Volt Betriebsspannung eingerichtet sind und schon bei 7500 Volt in Funktion treten. Fig. 57 zeigt den Apparat in Tätigkeit.

7. Schaltungsschemata.

Um einen Überblick über die Anordnung der in den vorigen Abschnitten behandelten Apparate zu geben, ist in Fig. 58 ein einfaches Schaltungsschema vorgeführt, welches die Anordnung einer Transformatorenstation mit zwei Transformatoren für 25 000/3000 Volt darstellt; der eine ist ausschließlich für Kraft, der andere für Licht bestimmt.

Die Fernleitung, welche auf zwei Mastenreihen I und II, von je 2×3 Leitungen verteilt ist, ist so eingerichtet, daß jede Mastenreihe eine Licht- und eine Kraftleitung trägt, um eine volle Reserve der beiden Belastungsarten zu haben. In der Kraftzentrale arbeitet ein Generatorensatz auf die Kraftleitung und einer völlig davon getrennt auf die Lichtleitung, damit die unvermeidlichen Energiestöße der stark wechselnden Kraftentnahme sich nicht auf die Lampen übertragen.

Die in dem Schema angegebenen Buchstaben bedeuten:

A   Amperemeter.
a   Ausschalter.
E   Erdplatten.
L   Induktionsspiralen.
R   Wasserwiderstände.
RB   Rollenblitzableiter für die Zuleitungen.
rb   -   -   - Nullpunkte.
S   Sicherungen für 25 000 und 3000 Volt.
T   Transformatoren.
T_e Spannungstransformator.
T_i Stromtransformator.
US   Öl-Umschalter.
V   Voltmeter.

Die kleinen Funkenstrecken rb, welche an die primären und sekundären Nullpunkte der Transformatoren angeschlossen sind, haben den Zweck, eventuelle Überspannungen in den Transformatorenwickelungen, verursacht durch Influenz der

Wolkenladungen, „stehende Wellen" oder dergleichen, rasch zur Erde abzuleiten. Die Eisenmassen der Transformatoren sind mittelst der Leitung x mit der Erde in Verbindung gesetzt.

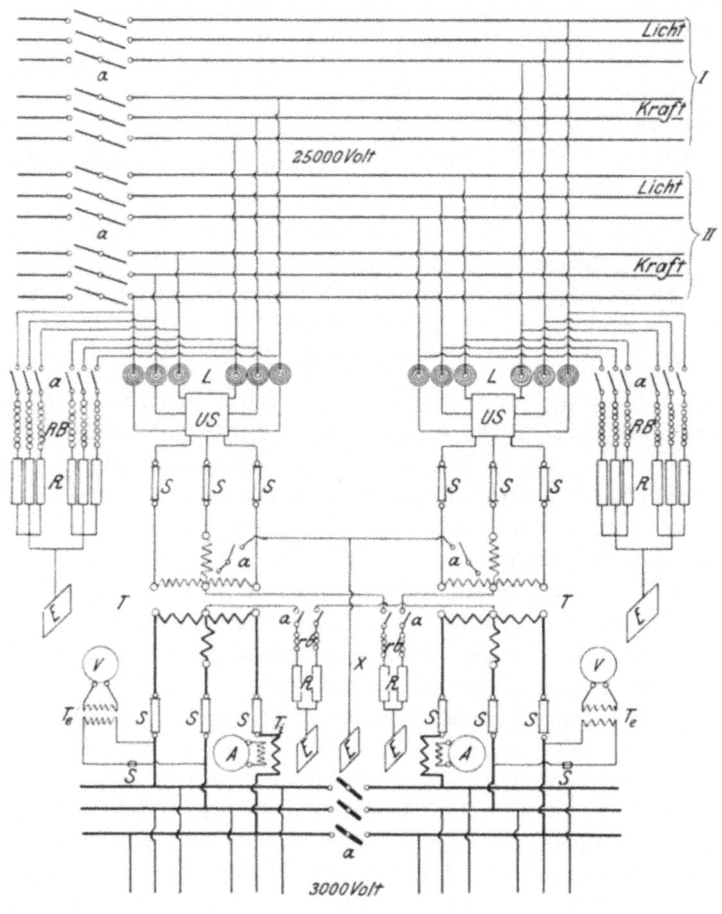

Fig. 58.

Alle anderen im Schema angegebenen Schaltungen sind aus dem früher Gesagten verständlich und benötigen keine besondere Erläuterung.

Allgemeine Vorschriften über Anzahl und Art der Blitzableiter lassen sich nicht aufstellen, insofern es sich um eine

Fernleitung handelt, da die örtlichen Verhältnisse eine genaue spezielle Untersuchung jeder Anlage voraussetzen.

Blitzschutzvorrichtungen müssen vor allen Generatoren, Motoren, Transformatoren, Kabeln und Hausinstallationen angebracht werden, falls die Zuleitung eine Luftleitung ist.

Die Anbringung von Blitzableitern an einer Fernleitung „unterwegs“, d. h. auf freier Strecke, ist nicht zu empfehlen, da diese Blitzableiter in den meisten Fällen mehr Schaden als Nutzen anrichten können, besonders wenn sie im Freien montiert sind.

8. Allgemeine Gesichtspunkte betreffend Kreuzung von Fernleitungen mit Eisenbahnen, Telegraphen- und Telephonlinien.

Über die Art und Weise, in welcher eine Kreuzung auszuführen ist, werden die betreffenden Behörden meistens bestimmte Vorschriften erlassen, nach denen gehandelt werden muß. Es ist deshalb unmöglich, allgemeine Vorschriften aufzustellen, die für jeden vorkommenden Fall zweckentsprechend sein sollen. Im folgenden sollen jedoch einige ausgeführte Anordnungen kurz besprochen werden, die sich gut bewährt haben.

Die Anforderungen, welche eine Eisenbahnverwaltung meistens an eine Kreuzung stellt, sind folgende:

Die Höhe und der gegenseitige Abstand der Kreuzungsmasten sind so zu wählen, daß ein herabfallender Draht beim ungünstigstem Drahtbruch (also wenn ein Draht bei einem Isolator bricht) nicht näher als 1—2 m an das freie Bahnprofil zu hängen kommt, und es ist außerdem eine Vorrichtung zu treffen, durch welche das heruntergefallene Drahtende geerdet wird.

Eine Kreuzung welche diesen Anforderungen genügt, ist aus Fig. 59 ersichtlich; diese Abbildung zeigt die Kreuzung der Fernleitung Kykkelsrud-Slemmestad mit der Alnabahn in der Nähe von Christiania (Norwegen).

Zu den Hochspannungsleitungen wurde hier auch die Leitung des Betriebstelephons gerechnet, welches auf demselben Gestänge wie die Fernleitung verlegt ist. Beim Drahtbruch fallen die Enden auf ein galvanisiertes Eisenrohr, das gut mit

der Erde in Verbindung steht, wodurch die Leitung sicher
geerdet wird.

Fig. 59.

　　Dieselbe Anordnung findet man auch bei den Kreuzungen
mit Telegraphenleitungen. Jede Telegraphenlinie wird der
Sicherheit halber mit zwei sogenannten Grobsicherungen ver-

Fig. 60.

sehen, einer auf jeder Seite der Fernleitung, welche durchbrennen, wenn die Hochspannungsdrähte, z. B. durch Umfallen der Fernleitungsmasten, mit den Telegraphenleitungen
in Verbindung kommen sollten.

Um einen herabfallenden Hochspannungsdraht ungefährlich
zu machen, werden häufig, speziell wenn eine Fernleitung längs
eines Weges geführt wird, sogenannte auslösbare Kuppelungen
verwendet, welche an den Isolatoren angebracht werden. Diese
Kuppelungen funktionieren in der Weise, daß beim Drahtbruch
beide Drahtenden von den Isolatoren abgekuppelt werden und
frei zur Erde fallen.

Die Kreuzung der Telephonleitungen mit Hochspannungs-
leitungen wird am besten so ausgeführt, daß man die Telephonleitung als Kabel unter der Fernleitung führt, wie das bei der
in Fig. 60 wiedergegebenen Kreuzung geschehen ist. Eine
Kreuzung mit nur einem einfachen Schutznetz zwischen Fern-
und Telephonleitungen ist verwerflich und wird kaum mehr
bei modernen Anlagen vorkommen.

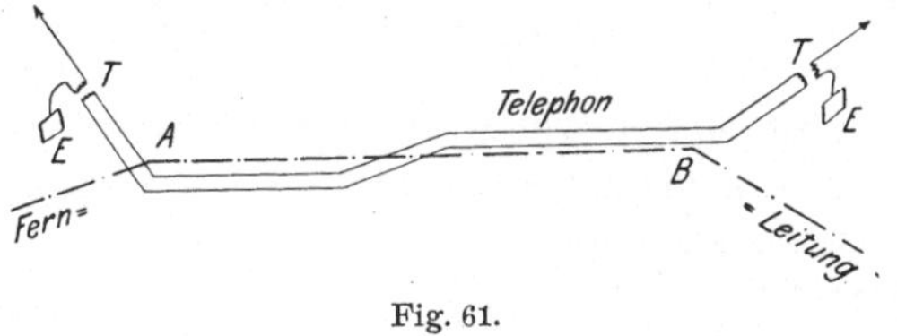

Fig. 61.

Um das „Brummen" der Telephonleitungen, welches teils
durch direkte Induktion, teils durch übertretende vagabun-
dierende Ströme von der Fernleitung verursacht wird, zu
beseitigen, werden die Telephonleitungen zunächst gut isoliert
und die Einfachlinien in Doppellinien umgewandelt. Die
Doppelleitung braucht jedoch nicht von der einen nach der
anderen Endstation geführt zu werden, insofern die Telephonleitung nur auf eine kürzere Strecke mit der Fernleitung
parallel läuft.

In Fig. 61 ist eine Telephonleitung mit partieller Doppelleitung schematisch gezeichnet, und hat sich diese Anordnung
vorzüglich bewährt; ungefähr 1000 m von den Endkreuzungs-
stellen A und B ist ein kleiner Telephontransformator aufgestellt und in der aus der Figur ersichtlichen Weise geschaltet.

Bezüglich der gesetzlichen Verordnungen betreffs der Sicherung der Telegraphen- und Telephonleitungen wird auf das Reichs-telegraphengesetz vom 6. April 1892 und auf das Telegraphen-wegegesetz vom 18. Dezember 1899 verwiesen.

Jede größere Kraftübertragungsanlage ist natürlich mit einem Betriebstelephon versehen, dessen Leitung in den meisten Fällen auf denselben Gestängen wie die Hochspannungs-leitungen montiert wird.

Damit der Linienwärter sich mit der Kraftstation ver-ständigen kann, wird in Abständen von 3—4 km auf einem Mast ein Telephonapparat angebracht, welcher an die Betriebs-telephonleitung anzuschließen ist.

Da es nicht ausgeschlossen ist, daß die Telephonleitung mit der Hochspannungsleitung in Verbindung kommen kann, z. B. beim Abreißen eines Hochspannungsdrahtes, so werden die Telephonapparate derart ausgeführt, daß das Telephon und Mikrophon sowie der Induktor in einem kleinen Kasten unter der Decke montiert werde, von welchem Gummischläuche für das Telephon und Mikrophon herabhängen; der Induktor wird mittelst eines Gummi- oder Lederriemens angetrieben.

Die Betriebstelephon-Apparate sind außerdem mit Fein- und Grobsicherungen sowie mit Blitzableitern zu versehen, um den Apparat selbst zu schützen.

Ein „Streckentelephonapparat" ist aus Fig. 60 auf dem ersten Mast, vom Doppelmast aus gerechnet, erkennbar. Der komplette Apparat mit Blitzableiter, Sicherungen etc. ist hier in einem Kasten von etwa 1,5 m Höhe untergebracht.